青少年探索文库
QingShaoNianTanSuoWenKu

把握人生的机遇

张 力 编

吉林人民出版社

图书在版编目（ＣＩＰ）数据

把握人生的机遇 / 张力编. — 长春：吉林人民出
版社，2010.10（2021.3重印）

（青少年探索文库）

ISBN 978-7-206-07107-2

Ⅰ.①把… Ⅱ.①张… Ⅲ.①成功心理学—青少年读
物 Ⅳ.①B848.4-49

中国版本图书馆CIP数据核字(2010)第192049号

把握人生的机遇

编　者：张　力

责任编辑：张文君

吉林人民出版社出版（长春市人民大街 7548 号　邮政编码：130022）

印　刷：三河市燕春印务有限公司

开　本：700mm×970mm　　1/16

印　张：13　　　　　字数：110 千字

标准书号：ISBN 978-7-206-07107-2

版　次：2010 年 10 月第 1 版　　印　次：2021 年 3 月第 2 次印刷

定　价：39.00 元

如发现印装质量问题，影响阅读，请与印刷厂联系调换。

目___录

钢铁大王卡内基的故事

　　他从不名一文的穷光蛋变成了亿万富翁，并且塑造了更多的百万富翁。安德鲁·卡内基生于苏格兰，出生的时候既无医生，也没有接生婆的帮助，因为他们家穷得请不起接生婆或医生，他是一位穷纺织工人的儿子。他随家人移居美国，在匹兹堡附近定居。他曾在棉织厂当绕线筒童工。14 岁时成为一名电报投递员。在做过一些其他工作之后，开始从事钢铁生意。最初，他替别人做事的时候每小时挣两分钱，而后来他却赚了4 亿美元。

　　卡内基全家移居到美国时，他的父亲靠挨家挨户去推销自己织的桌布来养家糊口，他的母亲则为一家鞋店刷洗缝补鞋子。安德鲁只有一件衬衫，因此，他的母亲必须每晚等他睡下之后，赶忙把它洗净、晾干、熨平，以便第二天他能再接着穿。她一天要工作 16—18 小时。安德鲁对自己的母亲非常孝敬。在他 22 岁时，他发誓在他母亲有生之年自己绝不娶妻。他确实做到了这一点。他母亲逝世 30 年后，他还是孤身一人。

卡内基很小就表现出了商业天赋。有一次，他捉到了一只母兔，这只母兔不久便生了一窝小兔，但是他却没有东西来喂它们。在这种情况下，安德鲁·卡内基忽然心生一计。他对邻居家的小孩们说，如果谁能弄来喂养小兔子的食物，将来他就用谁的名字来称呼小兔子。这一计策果然产生了效果。卡内基长大后自己经营商业时，还运用过同样的心理策略。

卡内基早年在匹兹堡曾做过一个负责递送电报的工作。每天的工资只有五角钱，那时他渴望自己能成为一位接线员，因此，他晚上自学电报，每天早晨提前跑到公司，在机器上练习。一天早晨，公司忽然收到了一份从费城发来的电报。电报异常紧急，但是当时接线员都还没有上班，于是卡内基立刻跑去代收了下来，并赶紧将其送到了收报人的手中。之后，他就被提升为接线员，薪水也增加了一倍。

一个偶然的机会使他走上了致富之路。有一次，在他坐火车去某地的途中，一位发明家坐在他的身边，拿出了自己发明的新卧车模型给他看。卡内基身上特有的苏格兰人的机警和远见，使他看到了这项发明的远大前途。于是，他借钱购买了那个公司的股票。当卡内基 25 岁时，他每年从这笔投资中所拿到的分红就达 5000 美元。

有一次，由于铁路线上的一座木制桥梁被烧毁了，使得火车好几天不能通行。卡内基当时身为该段铁路的监理，他觉得木制桥梁已经不适应时代的发展了，将来一定会被铁桥所代替。于是，他借钱开办了一家制造铁桥梁架的公司，果不其然，他们生产的铁桥梁架大受欢迎，财富如泉水源源不断地涌来。然而，他从来不会埋头苦干。他把大约一半的时间都用在了消遣上。他说，他的周围有许多助手，他们懂得的东西要比他多得多，而他只须督促他们为他聚财。他让他的同伙分享自己的利益，由他造就的百万富翁的数目比任何人造就的都多。

为了竞标太平洋铁路公司的卧车合约，他与商场老手布尔门的铁路公司闹翻了，双方为了投标成功，不断削价比拼，结果已跌到无利可图的地步，彼此还咽不下这口气。"冤家路窄"，卡内基在旅馆门口邂逅布尔门，他微笑着伸出手，主动向布尔门打招呼说："我们两家如此恶性竞争，真是两败俱伤啊！"卡内基接着坦诚地表示：尽释前嫌，合作奋进。布尔门被卡内基的诚挚感动了，气消了一半，不过对合作奋进缺乏兴趣。卡内基对布尔门不肯合作的态度感到纳闷，一再追问原因，布尔门沉默片刻，狡黠地问："合作的新公司叫什么名字？"哦，布尔门为"谁是老大"处心积虑！卡内基想起儿时养兔子之事，脱口而出："当然叫'布尔门卧车公司'啦！"布尔门简直不敢相信自己的耳朵，而卡内基又明确无误地确认一遍。于是，冰化雪融，强强联手，签约成功，双方从中大赚一笔。历史常常开这样的玩笑，淡泊名利的人出了名。全世界都知道，"钢铁大王"卡内基，又有几个人知道布尔门？

他终于攀上了自己事业的顶峰，成了闻名世界的钢铁大亨。他与洛克菲勒、摩根并立，是当时美国经济界的三大巨头之一。

1919 年 8 月 11 日，安德鲁·卡内基，一位身价数百万美元的钢铁大王，于当天早晨因支气管炎病发作与世长辞。这位83 岁高龄且腰缠万贯的慈善家是在马萨诸塞州他自己的影溪庄园中逝世的。临终时，他的财产估计超过 5 亿美元。他生前曾为各种慈善事业捐赠 3.5 亿美元，其中包括一个大型图书馆。他曾说过："带着这么多的钱进棺材是不光彩的。"

石油大王洛克菲勒的故事

　　洛克菲勒财团是以洛克菲勒家族的石油垄断为基础，通过不断控制金融机构，把势力范围伸向国民经济各部门的美国最大的垄断集团。它已超过了摩根财团，跃居美国十大财团的首位。美国最大的石油公司有 16 家，其中有 8 家属于洛克菲勒财团。

　　约翰·洛克菲勒被称为美国的石油大王，洛克菲勒财团的创始人。他是美国历史最悠久的富豪之一，洛克菲勒家族在美国的政治、经济中，都有着举足轻重的作用。在美国、在世界，"洛克菲勒"这四个字就象征着权力和金钱。洛克菲勒家族成员中出现过副总统、参议员、董事长，但他们的锋芒都没能超越一个人，就是他们的祖辈、洛克菲勒财团的创始人——约翰·戴·洛克菲勒。从一个小小的经纪人到全球石油业的霸主，他成就了一个传奇，而他的道路是美国梦的典型代表。

美国早期的富豪，多半靠机遇成功，唯有约翰·洛克菲勒例外。他并非多才多艺，但异常冷静、精明，富有远见，凭借自己独有的魄力和手段，白手起家，一步一步地建立起他那庞大的石油帝国。作为美国历史上第一个十亿富翁，作为石油业巨子，他在相当一段时期控制着全美国的石油资源并创设了托拉斯企业制度，在美国资本主义经济发展史上占有重要的地位。

1839 年 7 月 8 日，约翰·洛克菲勒出生于纽约州哈得逊河畔的一个名叫杨佳的小镇。祖上是法国南部人，为了逃脱政治迫害，才来到新大陆创立自己的事业。到洛克菲勒这一辈，已经是好几代了。他父母的个性截然不同：父亲是一个很讲求实际的人，他自信、好冒险、善交际、任性而又以自我为中心。他从小就教育孩子们，只有劳动才能给予报酬。家里的任何劳动，都制订了一套标准。他的母亲勤劳、节俭、朴实，家教严格。洛克菲勒作为长子，他既从父亲那里学会了讲求实际的经商之道，又从母亲那里学到了精细、节俭、守信用、一丝不苟的长处，这对他日后的成功产生了莫大的影响。

从小，洛克菲勒就表现出了自己的商业才能，他有个记账本，上面详细地记录着自己在田里干了什么活，以此来向父亲要求报酬。同时，他把这些钱积攒下来，贷给当地的农民，制订一定的利息，从中赚取费用。

还有一次，他在树林中发现了火鸡的窝，就把小鸡抱回家中自己饲养，到感恩节的时候，再把鸡卖掉，大赚一笔。而这些都得到了父亲的赞扬，因为父亲认为："人生只有靠自己，做生意要趁早，只有钱才是最牢靠的。"这种教育方式或许有点偏激，但对年幼的洛克菲勒而言，却是影响他一生的，"不要随便相信别人，只有钱才是最牢靠的"，对于在逆境中生存的人、在商场上厮杀的人是没错的。

007

洛克菲勒的父亲很注意在游戏中创造机会启发他，以培养他们预防不测的意识。当约翰还是个孩子的时候，父亲常常让小约翰从高椅子上纵身跳入自己的怀抱。有一次父亲没有用双臂接他，他就重重地摔在了地上。父亲严肃地对他说："要记住，绝不要完全信任任何人。哪怕是你最亲密的人，也千万不要轻信！"这件事给约翰留下了深刻的印象，以至于在日后的生意场上，他始终保持冷静、警觉的头脑，从而避免了多次失误。

16岁那年，洛克菲勒中学毕业后，决定放弃升大学，到商界谋生。为了找工作，他在克利夫兰的街上跑了几个星期，拿定主意要找一个前程远大的职业。9月26日，他在一家经营谷物的商行当上了会计。从此，这个日子就成了他个人日历中的喜庆纪念日，他把它作为第二个生日来庆祝。在那儿，他开始了学做生意的生涯，每周工资是4美元。他后来回忆曾说到："我上铁路公司、银行、批发商那儿去找工作，小铺、小店我是不去的。我可是要干大事的。"

他工作勤勤恳恳，不久就养成了对数字的好眼光。他除了记好账外，还为商行的经营出主意。有一次，商行买入一批大理石，打开包装后，竟发现高价购进的大理石材上有瑕疵，商行老板沮丧而又无计可施。这时，头脑灵活的洛克菲勒建议把责任推到负责运货的3家运输公司头上，向这3家公司分别提出赔偿损失的要求。这个绝妙的主意使商行得到的赔款比原来高出两倍。洛克菲勒这种天生的经商才能颇得老板赏识，很快老板就给他加了薪，工作的第一年，他挣得了300美元。在公司工作的第三年，洛克菲勒无意中听到了英国即将发生饥荒的消息，自作主张大量收购食品，为此老板极为不满，但没过多久，英国真的发生了饥荒，公司的货物销往外国，获得了巨额利润。一时间，洛克菲勒在当地成为了人们谈论的中心，一个19岁的小商业天才就这样诞生了！

1858年，不满足的洛克菲勒辞掉了工作，认识了和他有过相同工作经历的英国人克拉克。洛克菲勒向父亲借了1000美元，与克拉克合伙成立了"克拉克·洛克菲勒经纪公司"，把美国西部的谷物和肉类出售到欧洲，从此他开始了他的创业之路。

1935年，洛克菲勒控制了海内外大约200家公司，资产总额达到66亿美元，他的私人财产也超过了15亿美元，成了名噪世界的"石油大王"。

1863 年，洛克菲勒在克利夫兰开设了一个炼油厂，把纽约西部地区的石油运到东部地区。随着下游工业的兴盛，克利夫兰出现了 50 多家炼油厂，洛克菲勒决定垄断"下游"工业，那时他只有 28 岁。

　　1870 年 1 月 10 日，创建了一家资本额为 100 万美元的新公司，它的名字就是标准石油公司。标准石油公司几经更名，最后定名为美国历史上第一个托拉斯组织——美孚石油公司。身为公司创办人和总裁的约翰·洛克菲勒获得了公司最多的股权，当时他年仅 30 岁。20 世纪 70 年代，美孚公司改名为埃克森公司。

　　他以其疯狂的冒险精神、高超的经营头脑、远见卓识的预测和冷静果断的决策、贪婪无比的垄断意识和"刽子手"的手腕，创立了实力雄厚的洛克菲勒财团，不但控制着美国的经济，也影响着美国的政治。洛克菲勒财团培养、造就出来的达瑞斯、拉斯克、基辛格等人，都成了美国历史上相当有影响力的国务卿。

　　但在他 53 岁时，烦恼和高度紧张的生活破坏了他的健康，使他住进了医院。在那段痛苦的日子里，洛克菲勒终于有时间自我反省，开始思索那笔钱能换取多少人类的幸福。在他获悉密歇根湖畔的一家学校因为抵押权而被迫关闭时，他立刻捐出两百万美元，这所学校就是著名的芝加哥大学。他也尽力帮助黑人。他捐款组建了塔斯基吉黑人大学。同时也捐款帮忙消灭了十二指肠虫。在他的金钱资助下，科学家发现了盘尼西林（青霉素）。然后，他又采取更进一步的行动，他成立了一个庞大的国际性基金会——洛克菲勒基金会，并致力于消灭世界各地的疾病和文盲。

1937 年 5 月 23 日，98 岁的洛克菲勒在他奥尔蒙德海滩别墅里去世了。他的资产折合成今天的美元约有 2000 亿。因此，如果约翰·洛克菲勒今天依然健在，那么其资产将是比尔·盖茨的几倍。他的子孙继承了他的事业。洛克菲勒家族成了美国十大超级富豪之一，也是当今美国知名度最高的家族之一。他的孙子纳尔逊·洛克菲勒曾是美国的副总统，而他的另一个孙子大卫·洛克菲勒则是赫赫有名的大银行家。

汽车大王福特的故事

　　亨利·福特出生于美国密歇根州韦恩郡的史普林威尔镇，福特的父母威廉·福特和玛利·福特是来自爱尔兰的移民，福特出生在他父母拥有的一座农庄里，在兄弟6人中福特排行第一。他从小就对机械感兴趣。12岁时，他花了很多时间建立了一个自己的机械坊，15岁时，他亲手制造了一台内燃机。福特自学成为了一名蒸汽机技术师。1887年进底特律爱迪生电灯公司当技术员，后升为总工程师。1896年，他制造了他的第一辆汽车，他将它命名为"四轮车"。

　　它的"四轮车"样式很简单，几块铁板松散地安在四个自行车轮上，前面装上一个门铃。组装好的车出不了门，他就拿斧头把墙砸开，并在倾盆大雨中把车开上大街。这个"怪物"惊呆了路人，它的时速达到20公里，比别的车都快。连愤怒的房东都没有责怪他，反而为棚屋造了个活动门，方便汽车出入。这就是后来车库的雏形。

发明电灯、留声机、活动照相机的大发明家托马斯·爱迪生，对福特试制成功的内燃机引擎汽车大加赞赏，甚至说超过了他本人设计的电动车，是"创世纪的发明"。世界上最伟大的发明家的赞扬，使福特勇气倍增。

1903 年 6 月 16 日，福特汽车公司正式成立了。福特敏锐地预感到，汽车的时代到来了。他要成为这个时代的主宰，开创一个"福特的时代"。1908 年，福特公司生产出世界上第一辆属于普通百姓的汽车——T 型车，这也标志着世界汽车工业革命的开始。

1913 年，福特汽车公司又开发出了世界上第一条流水线，其想法来自芝加哥食品包装厂用来加工牛排的空中滑轮。这一创举使 T 型车的产量达到了一个前所未有的世界记录，福特先生为此被称为"为世界装上轮子"的人。福特汽车公司的产量也已经是全国汽车总产量的一半。

T 型车自从 1908 年问世以来，到 1927 年为止，在整整 19 年的时间里，总共生产汽车 1500 多万辆，创下了前所未有的奇迹。第一次世界大战结束以后，地球上行驶的汽车，有一半是 T 型车。至此，福特公司终于成为世界上最大的汽车公司，福特本人也因此获得了"汽车大王"的称号。在这 19 年里，仅美国一地就销售了 15 007 033 辆。福特汽车公司在全球牢牢建立了自己作为综合工业巨头的地位。

1999 年，《财富》杂志将他评为"二十世纪商业巨人"，以表彰他和福特汽车公司对人类工业发展所作出的杰出贡献。亨利·福特先生成功的秘诀只有一个：尽力了解人们内心的需求，用最好的材料，由最好的员工，为大众制造人人都买得起的好车。在美国独立 200 周年期间，为了配合这个有纪念意义的节日，美国最大的通讯社美联社在对这 200 年中的 20 件大事进行的全美民意测验中，福特汽车公司名列第十，可与后来的"阿波罗"飞船登月、原子弹爆炸媲美。

在全世界，"汽车之父"只有卡尔·本茨一人，同样，享有"汽车大王"之美誉的也只有亨利·福特一人，可谓是前无古人，后无来者。是他将人类社会带入了汽车时代。他是第一个将小汽车正式命名为"轿车"的人，也是世界著名品牌"福特"汽车的创始人，从一个一文不名的穷小子到亿万富翁，福特个人奋斗的历史已经成为许多年轻人津津乐道的传奇。

1947 年 4 月 7 日晚上，亨利·福特因突发脑溢血病逝于家中。他葬礼的那一天，美国所有的汽车生产线停工一分钟，以纪念这位"汽车界的哥白尼"。美国"汽车大王"的一生虽然结束了，但他从天才少年技师到汽车大王的传奇经历，以及他设计的 T 型大众车和流水线生产的方式等，也随着他的大名，在世界汽车工业发展史上留下了灿烂的一页。

013

快餐之父桑德斯的故事

肯德基在中国可以说是家喻户晓。那位一身白色西装、系着黑领结、带着一脸慈祥微笑的老先生，总是风雨无阻地迎着八方来客。他就是被誉为美国"炸鸡大王"的桑德斯老人。

桑德斯可以说是大器晚成。他自行调配的炸鸡秘方在自己的小餐馆以家庭的气氛招呼远道而来的客人，因此闻名于世。直到65岁时，他才创立肯德基炸鸡店，使他获得了极大的声誉和财富。

哈莱德·桑德斯1890年生于南印第安纳州的哈利维尔镇。桑德斯5岁那年，他的父亲突然病逝，没有留下任何财产。为了养活3个孩子，母亲不得不去附近的一家工厂做工。年幼的桑德斯开始在家照顾弟弟妹妹，并学会自己做饭。7岁时，他做了一块夹肉面包，送到3英里以外的工厂让妈妈品尝，受到了母亲及工友们的称赞。

12 岁时，母亲改嫁，继父对他十分严厉，常在母亲外出打工时痛打他，他不得不离家出走谋生。他不断地变换工作，尽管如此，他还是颇具信心，认为自己将来必成大器。

16 岁时，他谎报年龄，参加了远征古巴的军队。航行途中他晕船厉害，被提前遣送回国，不久退伍回到家乡。这次参军给他留下了"上校"的绰号。为了谋生，他当过电车调度，开过渡轮，还在南方当过铁路工人。在南方铁路工作时，桑德斯在亚巴马州结识了年轻美丽的姑娘约瑟芬·金恩，几个月后就结了婚。婚后不久，他们有了一个可爱的女儿，1911 年他们的儿子出世了，1919 年又生了一个女儿。但当桑德斯的妻子不是一件容易的事，他脾气很坏，再加上铁路工作使他长时间不能照顾家，夫妻之间的关系越来越坏。

015

1921 年，桑德斯加入普天人寿保险公司从事推销工作且很快成为公司的红人。但好景不长，因在奖金问题上与老板闹翻而辞职。后来他在朋友的鼓动下还一度干起了律师行当，但这一职业生涯也未长久。一次在法庭审案时，他竟与客户大打出手。

30 多岁时，桑德斯失业了，但他始终没有灰心。34 岁那年，他终于找到了发挥自己才能的机会。他为米其林公司做轮胎推销员，充分发挥了他的想象力和创造力，事业十分成功。但在 1924 年，不幸又一次降临到他的头上。一次，在开车过桥时，支撑钢绳断裂，他连人带车跌下桥。桑德斯受了伤，无法再为那家公司工作了。

当过轮胎推销员的经历使他感到汽车将是美国未来的必需品，加油业将会大有前途。1930 年，桑德斯全家搬到肯塔基州的克本镇，在这个当年不算繁荣的小镇上开设了个壳牌加油站。当时美国正处于经济危机的大萧条之中，头一星期生意很不好，大家只能靠吃燕麦度日。桑德斯在公路旁竖起了大广告牌，盼望着生意能尽快好起来。这使他与周围的竞争对手产生了摩擦，桑德斯开枪打伤了对方，还差点因此受到起诉。

一次，来此加油的卡车司机向他抱怨周围很难找到合适的地方用餐。桑德斯顿时感到自己的又一个发展机会来了。他将一间小储藏室改造成能容纳 6 人就餐的小餐厅，并开始教妻子做饭。他对来加油的顾客推荐约瑟芬做的肯塔基火腿、炸鸡。大家品尝后都感到味道不错。赞誉传出后，桑德斯不得不扩建自己的餐厅。

到 1934 年，小餐厅光靠桑德斯夫妇已经忙不过来了。他们雇佣了已离异的克劳迪亚女士。克劳迪亚聪明能干，乐观开朗，对桑德斯的坏脾气也丝毫不介意。

不久，生意越发红火，桑德斯决定在加油站旁单独开一家咖啡店。当时，炸一锅鸡腿需要 30 分钟，使来此品尝的人排起长龙。桑德斯认为炸鸡的味道十分重要，他开始钻研调料，还让他的大女儿作为首席品尝师，最终创立了用 11 种调味品配成的秘方，至今从未改变过。

桑德斯 40 多岁时，他的烹饪水平已经获得了广泛好评。1935 年，肯塔基州州长授予桑德斯"肯德基上校"的名誉称号。"肯德基"的名称即由此而来。

20 世纪 40 年代末，美国高速公路建设大规模兴起，随着公路的建成，美国人开始了前所未有的远行。同时，伴随而来的是旅馆业的发展，桑德斯发现了这一趋势，他在咖啡店旁建起了旅馆。当时，汽车旅馆的名声很不好，卫生状况差，许多体面人外出都选择住在位于市区的宾馆。为了改变这一偏见，桑德斯把自己的旅馆办得相当舒适、干净。他还在餐厅的中央拨出一间房子作为样板房间，供人事先参观，以决定是否在此住宿。这起到了很好的促销作用，旅馆常常爆满。

20 世纪 40 年代末，桑德斯的个人生活发生了重大变化。1947 年，他与约瑟芬离婚，孩子们深受打击，他们非常同情辛勤操劳多年的母亲。1949 年 11 月 17 日，桑德斯和克劳迪亚结婚，从此，桑德斯开始了新生活。他开始对公共活动产生兴趣。1951 年，他竞选参议员，但最后落败。这使桑德斯感到应将注意力放在自己所擅长的事业上。

正当桑德斯的餐厅生意日益红火之时，公路的大举建设威胁到了他事业的发展。1955 年，拟投入建设的一条公路正好穿过他的餐馆，桑德斯不得不以 7.5 万美元的价格出售了自己奋斗了 25 年的事业。

此时桑德斯已经 65 岁了。在人们看来他该退休了。但桑德斯没有像许多人那样靠社会保障金生活，而是仍操旧业。他带着自己所掌握的技术和秘方，和各地的小餐馆联系，传授那些小业主炸鸡技艺，而且在质量上对他们严格要求。到 1963 年，他总共控制了 600 多家炸鸡店。这便是世界上餐饮加盟特许经营的开始。

到 75 岁时，桑德斯感到力不从心，觉得单靠个人力量已无力支撑这样一个庞大的餐饮连锁店。最终他决定以 200 万美元的价格出售肯德基。尽管如此，肯德基还是离不开桑德斯，新主人继续请桑德斯作电视商业广告，宣传这种日益受人欢迎的快餐。

肯德基的成功使它的新主人决定发行股票，并提议给桑德斯 1 万股作为购买价的一部分；但桑德斯从不相信股票这玩意，他拒绝了。人们评论：这就是桑德斯为什么没有成为亿万富翁的缘故。后来，公司股票大涨，就连他的秘书都赚了几百万。到 1968 年，肯德基 2 万余名员工，有 21 人因此成为了百万富翁。

肯德基售出七年后，再次易主。1971 年，希伯莱恩公司以 2.8 亿美元收购肯德基连锁店。此后，桑德斯的形象虽出现在肯德基的外包装和广告中，但除此之外，他已与肯德基没有任何关系了。

快餐业迅速发展的势头使桑德斯深受感染。83 岁时，他与妻子克劳迪亚又创办了一家法式快餐店。但希伯莱恩公司禁止桑德斯使用自己的头像作招牌，认为这与他们使用的商标相冲突。这使桑德斯非常吃惊和伤感。桑德斯说，自己一直十分慷慨地帮助别人，而今却连使用自己名字和头像的权利都被剥夺了。1974 年 1 月，桑德斯起诉希伯莱恩公司，认为它干涉了他的自主经营权，要求赔偿 1.22 亿美元。对于没有一丝贪心的桑德斯来说，打官司并不是为了钱，而是为了讨回公道。希伯莱恩公司后来寻求庭外和解。

019

1980 年 6 月，桑德斯被诊断出患有癌症，但这并没有摧毁他的精神，他说："人们常抱怨天气不好，实际上并不是天气不好，而是不同的好天气罢了。"1980 年 12 月，桑德斯去世，享年 90 岁，所有肯德基分店向这位老人致哀，就连企业竞争对手麦当劳也下了半旗。

桑德斯死后，被葬在肯塔基的基沃海尔公墓。那里树立的半身塑像也是他生前亲建的。他在世时，常到像前摸摸、看看。现在，他的墓地已成了著名景点。今天，遍及世界各地的肯德基分店有 1 万多家。桑德斯的那张笑脸没有成为历史，他还在迎接着一批又一批的食客。

童话王国的缔造者迪士尼的故事

　　1901 年 12 月 5 日，沃尔特·迪士尼生于美国芝加哥的一个农民家庭。他的父亲伊莱亚斯是一个木匠。如果说这样的出身对他日后的成就有什么影响的话，通过仔细地搜索我们可以发现，伊莱亚斯自己建造了一座木屋，迪士尼就出生在这里。之后，他又帮助邻居建造了几座木屋，其中一座租给了几位侏儒。沃尔特·迪士尼原来只是一个卖报少年，最大的愿望就是成为一位著名的艺术家。

　　迪士尼曾经想走上战场，1918 年，他 16 岁时曾经变更了自己的出生日期，混进了红十字战场救护队的名单，但战争先一步结束了。不过他还是到了法国，赌骰子赢了 300 美元，这是他一生难忘的经历。一年后，他回到美国，在堪萨斯城为人制作一些广告，包括绘画和摄影等工作。

沃尔特·迪士尼是一位孤独的年轻画家，除了理想，他一无所有。为了理想，他毅然出门远行，来到堪萨斯城谋生。起初也到一家报社应聘，想替他们工作。编辑部周围有较好的艺术氛围，这也正是他所需要的，但主编阅读了他的作品后大摇其头，认为作品缺乏新意，不予录用。这使他感到万分失望和颓丧，和所有出门打天下的年轻人一样，他初尝了失败的滋味。后来，他终于找到了一份工作，替教堂作画。可是报酬极低，他无力租用画室，只好借用一家废弃的车库作为临时的办公室。他每天就在这充满汽油味的车库辛勤地工作到深夜。他认为没有比那时更艰苦的了。尤其令人厌烦的是，每天熄灯睡觉时，就能听到老鼠吱吱的叫声和在地板上的跳跃声。为了明天有充足的精力去工作，他忍耐了。不过，好歹有一只老鼠与他为伴，他感到自己并不孤单。也许是太累了，他一沾地板就能呼呼大睡。那只小老鼠一次次出现，不只是在夜里。他从来没有伤害过它，甚至连吓唬都没有。磨难已经使他具备大艺术家所具有的悲天悯人的情怀。就这样，一名贫困的画家接纳了一只小老鼠，与它共处一室，倒也觉得这个荒弃的车库充满生机。小老鼠在地板上做着各种运动，表演精彩的杂技。而他作为唯一的观众，则奖给它一点点面包屑。渐渐地，他们互相信任，彼此间建立了友谊。老鼠先是离他较远，见他没有伤害它的意思，便一点点靠近。最后，老鼠竟敢大胆地爬上他工作的画板，并在上面有节奏地跳跃。而他呢，绝不会去赶走它，而是默默地享受与它亲近的情意。信赖，往往可以创造出美好的境界。不久，年轻的画家离开了堪萨斯城，被介绍到好莱坞去制作一部以动物为主的卡通片。这是他好不容易得到的一次机会，他似乎看到理想的大门开了一道缝。但不幸得很，他再次失败了，不但因此穷得身无分文，并且再度失业。多少个不眠之夜他在黑暗里苦苦思索，他怀疑自己的天赋，怀疑自己真的一文不值，他在思索着自己的出路。终于在某天夜里，就在他潦倒不堪的时候，他突然想起了堪萨斯城车库里那只爬到他画板上跳跃的老鼠，灵感就在那个暗夜里闪了一道耀眼的光芒。他迅速地爬起来，拉亮灯，支起画架，立刻画了一只老鼠的轮廓。有史以来，最伟大的动物卡通形象——米老鼠就这样平凡地诞生了。灵感只青睐那些勤于思考的头脑。这位年轻的画家就是后来英国最负盛名的人物之一——才华横溢的沃尔特·迪士尼先生。他创造了风靡全球的米老鼠。谁能想到，在那间充满汽油味的车库里曾经生活过的一只小老鼠，成为了世界上最负盛名的影片的鼻祖。米老鼠足迹所至，所受到的欢迎让许多明星望尘莫及，也让沃尔特·迪士尼名噪全球。堪萨斯城那间充满汽油味的车库，沃尔特·迪士尼先生后来说，至少要值一百万美元。其实那里没有什么，只有一只老鼠，那是上帝给他的，上帝给谁都不会太多。

1919 年第一次世界大战结束后，迪士尼回到堪萨斯市，刚开始时，他为动物卡通做广告。1922 年，成立了自己的动画创作室。1925 年 7 月，他和哥哥罗伊建立了赫伯龙制片厂，1926 年把"迪士尼兄弟公司"改名为"沃尔特·迪士尼公司"。到 1955 年，沃尔特·迪士尼亲自开办了第一个迪士尼公园，这就是美国西海岸洛杉矶的迪士尼乐园，目前，沃尔特·迪士尼集团是世界第二大传媒公司，并在全球经营多家迪士尼主题公园，每年收入达 250 亿美元。

1921 年，他已经开始自己制作一些六七分钟长的卡通动画了。又过了一年，欢笑动画公司成立了，迪士尼担任总裁。

没有什么比新的艺术形式和新技术的诞生更鼓舞人了，而迪士尼在欢笑动画公司期间同时取得了两个成就。他和艺术家们在制作《白雪公主》的时候已经开始使用透明的赛璐珞，应用这种材料，他们很方便地让人物在固定不变的背景中移动。

迪士尼甚至不是一个好的生意人。他根本不知道如何花钱，他对金钱没有概念。他衣着随便，晚餐吃豆子罐头就很满意了。他把所有的钱都投入到公司里，为了有足够的钱进行那些冒险般的商业计划，他甚至不衡量得失就签署了很多商业合同。当他和哥哥罗伊来到洛杉矶，准备开办自己公司的时候，只能跟亲戚们借钱，他们向叔叔罗伯特借了 500 美元，罗伯特分四次把钱交给他们，并约定要收 8 分利息，这就是吝啬的唐老鸭叔叔的原形。

迪士尼和罗伊成立了迪士尼兄弟公司，开始在好莱坞拍摄自己的动画电影。他们一直紧跟时代的步伐，就在罗斯福宣誓就职后两个月，《三只小猪》上映了，里面那只狡猾又贪婪的狼被认为是大萧条的化身。这部电影不但反映了迪士尼的精神，还是迪士尼制作彩色动画片的开始，他们要将黑白的世界彻底抛在身后。

1948年8月31日，沃尔特·迪士尼在备忘录中勾勒了"米老鼠乐园"（即后来的迪士尼乐园）的雏形：围着公园造个大村落，村落中有火车站、乐队表演室、喷泉、凳子、树木、花草。村子两端为火车站和市政厅，消防队就在市政厅旁边。还有警察局来解决纠纷、找寻失物和走失的孩子等等。孩子们还可以参观关着几个人的牢房。但当时，米老鼠生活的乐园还是很难从平面变为立体。罗伊（当时迪士尼公司董事长）只肯从公司拨1万美元给他设计乐园。洛杉矶市政府拒绝为迪士尼乐园建造铁路。在这样的情况下，沃尔特·迪士尼仍执意启动乐园计划。他用自己的人身保险做抵押，筹到10万美元。捧着乐园模型，他跑遍了美国三大广播公司，游说媒体提供资助。美国广播公司（ABC）最终投资50万美元，并担保一份450万美元的贷款，条件是取得迪士尼乐园34.5%的股份和在黄金时段播出电视节目"迪士尼乐园"的许可。这套电视节目曾创下高达44%的收视率。

地产猛龙李嘉诚的故事

　　他曾获得 2000 年国际杰出企业家大奖；他是闻名世界的商业巨子；他是潮汕人的骄傲。李嘉诚这个名字，自 20 世纪 70 年代以来一直震撼着世界，特别是在地产界和金融界。李嘉诚这个名字，对于香港人来说更意味着财富。李嘉诚刻苦诚实、孜孜不倦的个人奋斗精神和独到的判断力、果敢的决策力以及善于用人，构成了他成功的因素。于是他也拥有了"超人李"、"大哥诚"、"塑胶花大王"、"地产猛龙"、"地产大王"等称号。

　　李嘉诚出生于潮州城面线巷内的书香之家，自幼聪颖超脱，学习勤奋。1939 年，日寇侵占潮汕便随父母流落香港，饱尝了战乱、贫穷、饥馑之苦，也培养了吃苦耐劳、奋发图强的精神。李嘉诚 3 岁时，家道中落。后来父亲得了重病，不久离开了人世，刚上了几个月中学的李嘉诚就此失学。在兵荒马乱的年月，李家孤儿寡母生活艰难。李嘉诚是家中长子，不能不帮母亲承担家庭生活的重担。一位茶楼老板看他们可怜，收留 16 岁的小嘉诚在茶馆里当烫茶的跑堂。茶楼天不亮就要开门，到午夜还不能休息，小嘉诚也抱怨过自己命不好，直到一次偶发事件，才使他不再自怨自艾。

那天，因为太疲倦，他当班时一不小心把开水洒在地上，溅湿了客人的衣裤。李嘉诚很紧张，他等待着客人的巴掌和老板的训斥。但让他没想到的是，那位客人并没有责怪他的意思，反而为他开脱，一再为他说情，让老板不要开除他。

"没关系的，我看这孩子挺有出息的。只是以后要记住，做什么事都必须谨慎。不集中精力怎么行呢？"

李嘉诚把这些话记在了心间，之后，他把"谨慎"当成了自己的人生信条。久而久之，竟使他练出了一种眼光：一个人是什么职业、性格特征、生活习惯、为人处事，一见面就能猜个八九不离十。这一切对他后来的事业起到了很大作用。

随后，李嘉诚辞掉跑堂的工作，从塑胶厂推销员开始，一直干到了业务经理。三年后，20 岁的他做好了准备，要大干一番。白手起家的他，在维多利亚港附近的一条小溪旁，租了一间灰暗的小厂房，买了一台老掉牙的压塑机。1950 年，22 岁的李嘉诚以长江为名，创建了"长江塑胶厂"，表达了他的赤子之心。经过数十年的努力，1988 年他已拥有"长实"、

"和黄"、"港灯"等五大公司，100 多家附属公司和 50 多家联营公司，形成资金雄厚、实力强大的李氏"经济王国"。2000 年，他本人成为全球五大富豪之一。李先生已从面线巷走向了世界，地位如此显赫但他并没有因此不可一世、颐指气使，依然是那样的谦逊、平和。

027

有一次，李嘉诚参加汕头大学的奠基典礼。本来，他作为汕大创建人，应是当之无愧地在贵宾签名册的首页上写下他的名字，但李嘉诚没有这样，而将自己的名字签在了第三页上。在这次宴会中，他不论地位高低，都跟每一位宾客敬酒、握手、交谈，的确没有让人产生"距离感"。李嘉诚已是世界上屈指可数的巨富，但他并不骄奢淫逸、大肆挥霍，依然坚持以俭养德、养廉、养身，淡泊宁静、朴实无华。更令人钦佩的是，李嘉诚虽已功成名就，但仍不忘故乡。他曾充满感情地说："本人旅居香港数十年，无日不思念故里"，"作为炎黄子孙，必须奋斗自强，发达不忘故乡，来日以报效桑梓"。李嘉诚深知："教育的重要，关系到国家的强弱，社会的兴衰，以及时代的进退"，而拥有万余平方公里面积，上千万人口的潮汕地区，在 20 世纪 80 年代前尚未有一所高等学府，不能不说是一桩憾事。为此，他从 1980 年便开始出资创办汕头大学，到 2005 年底为止，共捐资 12 亿元，已建成 36 万平方米的校舍，设立了文、理、工、医、法、商等 9 个学院、16 个学系，为国家、为潮汕地区输送了一批批人才。在 2005 年召开的汕头大学第五届校董会上，李嘉诚虚怀若谷地对在汕大成长的每一位同仁再三表示衷心的敬意和感谢。在此，不禁想起李先生曾经在汕大讲的一句话："成就加上谦虚，才最难能可贵"。李嘉诚的人格魅力是崇高的，他取得的成就更是任何人都望尘莫及的。2000 年 6 月，他获得了国际杰出企业家大奖，李嘉诚是获此殊荣的第一位华人企业家。大奖提名委员会主席弗雷泽先生在颁奖时说："李嘉诚先生在全球的商业地位显赫，是世界上最著名的企业家之一，他获得此奖是实至名归。"这位伟大的企业家，尽管获得无数殊荣，他依然把自己作为一个平常人，一个市民和一个商人，并尽一切所能来回报社会，几十年来，他向各界捐款逾 38 亿港元。用他的话说："如果我们只是一味追求金钱和权力，而置人类高尚情操于不顾的话，那么，一切进步及财富创造都将变得毫无意义。"

打工皇后罗活活的故事

　　1968年，活活高中毕业了，但生活中的冰刀霜剑再次袭击了她：因为是"臭老九"的子女，上山下乡接受贫下中农再教育理所当然。就这样，18岁的罗活活来到了粤东的一个小山村，干起了粗重的活。但罗活活知道，越是在逆境中，就越要乐观自信。白天，罗活活不知疲倦地干农活，晚上，还要挑灯夜读。在贫瘠的年代，罗活活深深地认识到，只有知识才能够改变命运。所以，她挤出一切时间，利用一切条件最大限度地获取知识。在这段时间里，《斯巴达克斯》这本书给了她无尽的力量和坚强的信念：有机会一定要考上北大清华! 1977年，全国恢复高考。罗活活的北大清华梦终于有了实现的机会，但此时的她已经嫁为人妻并且怀有身孕了。经过激烈的思想斗争，罗活活终于做出了平生第一次最重大的决定：孩子要生下来，大学也要考上去！罗活活挺着9个月的身孕迈进了考场，她要用毅力叩响命运的大门！因为是在临产期，罗活活担心把孩子生在考场上，几门试卷都来不及检查就提前离开了考场。考试结果出来后，罗活活接到的只是梅县嘉应师专的入学通知书，也许这就是命运，只能尽力争取，不能完全把握。

从嘉应师专毕业后，罗活活又考入中山大学深造。毕业后回到母校任教，1985年又调到省体委某杂志社当体育记者。当时的罗活活没有意识到，这段记者生涯为她提供了一个契机，把她推到了人生另一个更广阔的舞台：商界。1986年，香港领带大王、金利来集团公司董事局主席曾宪梓赞助了一次"宪梓杯"足球比赛。作为省体委的体育记者，罗活活参与了这一活动并负责夜宵安排和纪念品发放工作。球赛结束后，罗活活把剩余的600元钱和6条领带交还给了组委会。对罗活活来说，这是一件再正常不过的事，但曾宪梓却从中看到了她的品德。而且，通过几天的接触，罗活活过人的组织能力和干练的工作作风都给曾先生留下了深刻的印象。尤其当他了解到罗活活的家境之后，更加感觉到此人可用。另外，当时的"金利来"打入中国内地出师不利，也急需本土经营人才。于是，曾宪梓力邀罗活活加盟"金利来"。对毫无从商经验的罗活活来讲，丢掉"铁饭碗"也许就意味着老母和孩子要忍饥挨饿。罗活活面临着人生的第二次重大选择。1987年38岁的罗活活辞掉了工作，正式进入了金利来中国服饰皮具有限公司，出任总经理。正因为她作出的这个决定，她失去了丈夫。也正因为曾宪梓给了她这个支点，她撬动了整个"金利来"王国。

从320块钱的月薪到年薪300万的打工皇后，这是一个几乎不可能的事情，但是她做到了。她从来就没有想过能够有300万的年薪，她只是埋头去做她自己应该做的事情，她把企业当成是自己的家，付出了心，付出了情。

1995年，她使金利来的销售额突破了10亿元，占整个集团销售额的85%。8年中，她把金利来公司的营业额整整提高了500倍！在连年翻番的销售额的背后，是罗活活大胆的拼搏精神和独特的经营理念。1995年，国家统计局及中国技术评价中心在第50届国际统计大会上，授予罗活活"中国经营管理大师"的称号——罗活活是中国唯一获此殊荣的女性管理者。

2000年10月，她作出了人生的第三次重大选择：自己创业。成立了娘子军家政服务有限公司。她认为家政业一定大有可为，家政将是21世纪的10大朝阳产业之一。于是她毅然放弃了300万的年薪，再一次铤而走险做起了家政。

不幸的是，2001年9月，她的儿子大学毕业准备赴美留学的时候，出了车祸。在她的晚年，她又失去了她唯一的精神支柱——儿子。这时她甚至想到过死。于是，她把所有的悲痛都转化到为公司拼命工作上，有人说她是拼命三郎。她经常说一句话是："可做一百分，绝不做九十九。"正因为她把所有的精力都投入到"金利来"的工作中去，才会有今天的成就。

她说："一个人要把不可能变成可能，不是不可以的。"她也在努力这样做。她从一个不会做生意的人，在中国服装界创造了一个神话，拿了无数的奖项，创造了一个品牌。她加盟"金利来"的时候，老板的身家是八千万，而她离开"金利来"的时候，老板的身家却是三十多个亿。能支撑她走到现在的，一是自信，二是毅力，三是目标，四是愿望。是信心让她站起来，让她有定力，让她挺直腰板做人。人生是长跑，人必须有毅力，必须走完它。活着就是胜利，活着就是幸福。有了毅力，还要有目标，那个目标就是理想。她从 1996 年开始，前前后后资助了 408 名贫困的大学生、中学生、小学生。把爱心传递下去就是她的愿望。

罗活活的名字，早已远播国内外。她的事业已成功，她的财富不是梦，然而她拼搏的步伐并没有停下来，还在她的生命中继续着，并将一直继续下去。

"救火队员"鲁索的故事

　　每一个了解鲁索的人都会指出她有两大长处：强韧的意志和组建成功团队的能力。这和她从小生长的环境有很大的关系。鲁索出生于新泽西州首府特伦顿市，在七个兄弟姐妹中排行第二。父亲英年早逝和母亲"惊人的乐观主义"教会了鲁索如何区分灾难和困难；而全家共同照顾两位残疾弟弟的经历则使鲁索很早就认识到，团队对于克服困难的重要意义。鲁索从小就非常热爱运动，12岁就开始练习高尔夫球。高中时的她对篮球、足球、网球运动均有涉猎。独特的家庭环境在责任感、独立性、同情心方面对鲁索产生了巨大的影响；从小培养的竞争意识，更是对鲁索后来事业的成功起到极为重要的作用。当谈到运动在其生活中的作用时，鲁索表示："我喜欢团队，喜欢竞争，更喜欢获胜。"

1969 年，刚刚获得乔治敦大学政治及历史专业学士学位的鲁索进入 IBM，随后成为蓝色巨人首位面向大客户的女性销售代表。当时，很多客户仅仅因为她是女性就拒绝与其做生意。但这些压力反而坚定了鲁索的决心，促使她全身心投入到大客户的销售工作并取得了成功。1981 年，鲁索加盟 AT&T 后再次展现了她性格上的优点，并成为 AT&T 百年历史上首位女性业务部门领袖。她曾历任商业通信系统部总裁、企业网络部执行副总裁以及服务供应商网络部执行副总裁兼首席执行官等职，并三次入选《财富》杂志最具影响力的 50 位女性排行榜。1996 年，鲁索作为创始人之一，在朗讯从 AT&T 分拆的过程中立下了汗马功劳。

在商界为数不多的女性 CEO 中，鲁索素有"救火队员"的称号。2001 年接手朗讯时，鲁索面临着当时美国最为艰难的公司重整重任，那时连媒体都认为朗讯是"一个连造物主都感到棘手的困境"。然而，曾是朗讯一员的她非常清楚朗讯的症结所在，她深刻汲取了朗讯在网络泡沫繁荣期由于过度膨胀、全线出击而导致全线失利的教训，一上任便雷厉风行地展开业务重组计划，集中力量发展核心业务，出售部分非核心业务。对一个职业经理人来说，接管一家濒临破产的公司，需要承担极大的风险。面对考验，帕特里夏·鲁索喜欢用丘吉尔的一句话鼓励自己："绝不、绝不、绝不放弃！"强硬的谈判风格、雷厉风行的管理作风，包括团队建设和培养员工对公司的忠诚等，鲁索的一系列改革给病入膏肓的朗讯注入了一剂强心针。在鲁索的带领下，2003 年 10 月，朗讯科技公司在其最新发布的第四季度财报中宣布，已成功实现了自 2000 年 3 月以来的首次盈利。经过 3 年的苦苦挣扎，这位美国电信巨人终于开始走出困境，实现了全年盈利，并拥有了 40 亿美元的现金。朗讯恢复盈利的消息传出后，震惊了整个华尔街，业界普遍认为朗讯的这次突围成功与其 2003 年年初掌印的当家女掌门帕特里夏·鲁索的强悍作风密不可分。

计算机狂人乔布斯的故事

　　乔布斯的生母是一名年轻的未婚在校研究生，因为自己无法在读书的同时带孩子，她决定将乔布斯送给别人收养。她非常希望找一个有大学学历的人家。开始，她找了一对律师夫妇，但是那对夫妇想要个女孩。就这样，乔布斯就被送到了他的养父母家。但是，乔布斯的生母后来发现，不仅他的养母不是大学毕业生，养父甚至连中学都没有毕业，于是她拒绝在最后的收养文件上签字。后来，乔布斯的养父母许诺日后一定送他上大学，他的生母才答应了。

　　乔布斯高中毕业后，进入了一所学费很贵的私立大学。他贫困的养父母倾其所有，为他付了大学学费。读了半年，乔布斯一方面觉得学非所用，另一方面不忍心花掉养父母一辈子的积蓄，就退了学。但是，他并没有离开学校，开始旁听他感兴趣的、将来可能对他有用的课。乔布斯没有收入，靠在同学宿舍地板上蹭块地方睡觉，同时靠捡玻璃瓶、可乐罐挣点小钱。每星期天，为了吃一顿施舍的饭，他要走到十公里以外的一个教堂去。当时，乔布斯只做自己想做的事。他所在的大学书法很有名，他也迷上了书法。虽然当时他还不知道书法对以后有什么用。但是后来事实证明，乔布斯的艺术修养使得苹果公司所有的产品设计得非常漂亮。比如，以前的计算机字体很单调，乔布斯在设计苹果公司的 Macintosh 计算机时，一下子想到了当年漂亮的书法，为这种个人电脑设计了很漂亮的界面和字体。

1976 年，21 岁的乔布斯和 26 岁的沃兹尼艾克在乔布斯家的车库里成立了苹果电脑公司。公司的名称由偏爱苹果的乔布斯一锤定音：称为苹果，就是后来流传开来的那个著名的商标——一只被人咬了一口的苹果。而他们的自制电脑则被顺理成章地追认为"苹果 I 号"电脑了。后来，他们开发的苹果 II 具有 4K 内存，用户使用他们的电视机作为显示器，这就是第一台在市场上进行销售的个人电脑。

在硅谷，可能没有人比史蒂夫·乔布斯更具有传奇色彩了。乔布斯可能是美国工程院唯一一个没有在大学读满一年书的院士。乔布斯只读了半年大学，又旁听了一段时间，然后就彻底离开了学校。他入选院士的原因是"开创和发展了个人电脑工业"。

038

　　1980 年，《华尔街日报》的全页广告写着"苹果电脑就是 21 世纪人类的自行车"，并登有乔布斯的巨幅照片。1980年 12 月 12 日，苹果公司股票公开上市，在不到一个小时内，460 万股股票被抢购一空，当日以每股 29 美元收市。按这个收盘价计算，苹果公司高层产生了 4 名亿万富翁和 40 名以上的百万富翁。乔布斯作为公司的创办人当然是排名第一。

　　从 1976 年初的创业，只有 1300 美元起家，经过不到 5年，苹果公司发展成拥有 1000 多名员工、市值达数十亿美元的大型电脑公司。这不能不说是个奇迹。而乔布斯年仅 25 岁，就跻身于亿万富翁行列，更可谓是奇迹中的奇迹。

　　到 1985 年为止，苹果公司发展顺利，拥有 4000 名员工，股票市值高达 20 亿美元。乔布斯个人也很顺利，名利双收。但接下来，乔布斯遇到了别人一辈子可能都不会遇到的两件事——被别人赶出了自己创办的公司，然后又去鬼门关走了一遭。而苹果公司，也开始进入了长达 15 年的低谷。

　　他是一个美国式的英雄，几经起伏，但依然屹立不倒，就像海明威在《老人与海》中说到的，一个人可以被毁灭，但不能被打倒。他创造了"苹果"，掀起了个人电脑的风潮，改变了一个时代，但却在最顶峰的时候被封杀，从顶峰落到谷底。但是 12 年后，他又卷土重来，重新开始第二个"斯蒂夫·乔布斯"时代。

　　后来当乔布斯重返苹果公司的时候，情况远比他想象得糟糕。苹果的职员被认为是一群失败者，他们几乎放弃了所有的努力。在头六个月里，乔布斯也经常想到认输。在他一生中，从来没有这么疲倦过，他晚上十点钟回到家里，径直上床一觉睡到第二天早晨六点，然后起床、冲澡、上班。那一段时间妻子给了他很大的支持。

1998 年上半年 iMac 面世取得成功，苹果扭亏为盈。现在人们谈论的是恢复青春活力后的苹果将会怎样推动电脑事业的发展，而不是苹果行将破产。使苹果起死回生的正是刚刚 43 岁的乔布斯。这间公司如今已成为畅销动画电影《玩具总动员》和《虫虫危机》的制作厂商，这是 44 岁的乔布斯事业生涯中的第二个高峰。

039

就在苹果前景一片大好的 2004 年，一次扫描检查结果清楚地表明，乔布斯的胰腺上长了一个瘤，确诊这是一种"无法治愈"的恶性肿瘤，最多还能活 3-6 个月。他的妻子后来告诉他说，当大夫们从显微镜下观察了细胞组织之后，她哭了起来，因为那虽是非常罕见的，但却是可以通过手术治疗的胰脏癌。他接受了手术，现在已经康复了。这是乔布斯和死神离得最近的一次。这次经历之后，乔布斯对人生的感悟更加深刻，他说："人的时间都有限，所以不要按照别人的意愿去活，这是浪费时间。不要囿于成见，不要让别人观点的聒噪声淹没自己的心声。"所以他总以这句话来自诩："物有所不足，智有所不明。"

现在，苹果公司的经营目标是成为计算机行业的"索尼"。苹果公司是唯一既搞硬件又搞软件，生产全套产品的个人电脑公司。这就意味着苹果公司能够推出更容易使用的系统，这是公司争取消费者的可靠资本。乔布斯表示，技术不是最困难的，困难的是如何确定产品和目标消费者。除了电子、技术和生产能力外，你还必须有很强的市场营销能力。只有这样，才可以在市场上立于不败之地。

比尔·盖茨对乔布斯的评论是："我不过是乔布斯第二，在我之前，苹果电脑的飞速发展给人以太深的印象。"

乔布斯成为一个奇迹，但这个奇迹还将继续进行下去。他总是给人以不断地惊喜，无论是开始还是后来，他的电脑天赋、平易近人的处世风格、绝妙的创意、伟大的目标、处变不惊的领导风范，筑就了苹果公司企业文化的核心内容，苹果公司的雇员对他的崇敬简直就是一种宗教般的狂热。

跑出火箭速度的"牛人"牛根生的故事

1958年，一个出生尚未满月的男孩儿，被父母以50元的价格卖给一户牛姓人家。牛姓父亲的职业是养牛，从此，这个由养父和养母抚养的孩子便与牛结下了不解之缘。养父期望通过抱养来的孩子栽根立后，所以给这个苦命的孩子取名为"根生"。牛根生从小尝尽世间冷暖，父亲解放前被抓过壮丁，养母曾是国民党高官的姨太太；两个"特殊"人物，在那样特殊的社会背景下，遭遇可想而知。解放战争期间，养母曾把自己的财产广为散发，一部分送了人，一部分寄存在别人那里。20世纪60年代，由于生活困难，养母领着牛根生试图找回那些寄存的东西，人家不仅不承认，还把他们母子俩轰了出来。河东河西，人情冷暖，对牛根生的财富观产生了深远的影响。牛根生说："母亲嘱咐的两句话让我终生难忘，一句是'要想知道，打个颠倒'，另一句是'吃亏是福，占便宜是祸'"。牛根生复杂的经历也造就了他一生的优秀品质：容忍、刚强、独立、不屈不挠。牛根生1978年继承父业，开始养牛。1983年进入伊利的前身——回民奶食品总厂。

多年来，牛根生本人一直信奉"小胜凭智，大胜靠德"、"财聚人散，财散人聚"的经营哲学。

在没有钱和有钱的日子里，牛根生所见的世态炎凉，形成了他独特的财富观。他说："人要懂点哲学。每个人都是从无到有，也都会从有到无。钱财生不带来，死不带去。家财万贯，也不过一日三餐，夜宿一床。当一个人的钱挣到某个数字后，超额的钱对他的生活就不再有实际意义了。但是，金钱能使人生而复死，精神能使人死而复生。从无到有是快乐的，因为它承认了你的奋斗价值，但人生最快乐的时候是散财的时候，因为你获得了前所未有的尊重，得到了精神享受。"

1978年他成为呼和浩特大黑河牛奶厂的一名养牛工人。1983年任内蒙古伊利集团厂长。1992年担任内蒙古伊利集团生产经营副总裁。但是，在1998年底却被自己辅佐了16年的老东家内蒙古伊利集团免去了生产经营副总裁一职，那时他已经43岁了。在此之前，牛根生主管全国生产经营，业绩一直特别出色。从某种意义上说，牛根生是当年伊利的第一功臣，伊利80%以上的营业额来自牛根生主管的各个事业部。除了业绩，牛根生在伊利员工当中也是相当有威望的，人们对牛根生的信服来源于他的为人之道和人格魅力：一个普通工人得了重病，牛根生第一个捐款，一次就是 1 万元；有段时间，通勤车司机有事，牛根生代劳，一个新工人不认识牛根生，一个劲地向别人夸奖牛根生：新来的胖司机态度真好，让他停哪就停哪；因为业绩突出，公司奖励了他一笔钱，本可以买好车，但牛根生却折合成 4 辆面包车，分给自己的直接部下；100 多万的年薪，牛根生基本上都分给了自己的员工。离开伊利的牛根生，很失落也很自卑。不仅如此，他还发现自己似乎没有了生路。

有一家乳品企业得知牛根生辞职之后，马上找到牛根生，愿意出很高的薪酬邀请牛根生加盟。牛根生向对方提出了一个条件：用他的管理经验和人脉资源入股，让他成为股东。结果，这个条件把对方吓跑了。后来有人评价说，这个企业没有意识到牛根生是一台印钞机。

牛根生想了想自己的困境，然后对他的部下说：哀兵必胜！我们就再打造一个伊利！后来大家给公司起了一个名字叫蒙牛。1999 年牛根生白手起家，在不惑之年开始创业，硬是在重重围剿之中杀出一条血路。1999 年 8 月 18 日，蒙牛进行了股份制改造，名字变为内蒙古蒙牛乳业股份有限公司，注册资本猛增到 1398 万元，折股 1398 万股。牛根生就是在一无市场，二无工厂，三无奶源的"三无"条件下，依靠自己的长处——人才，在 6 年之后，蒙牛的销售额和市场占有率超过伊利成为全国第一。

2003 年，伊利为了庆祝股份制创立十周年而举行了一场声势浩大的庆祝活动。令所有伊利人没有想到的是，牛根生不请自到。他当场对伊利的员工说了一番感人的话：我在伊利干了 16 年，在蒙牛才干了 5 年。我把最好的年华，奉献给了伊利，在这里流过的泪、淌过的汗、洒过的血，比在蒙牛多得多！所以，要说感情，我对伊利的感情，实际上不比对蒙牛的少。正是他的这一举动感动了所有的人，这也正体现了他的生意经——做生意就是经营人心。

他在用人方面也有他自己独到的见解：有德有才，破格录用；有才无德，限制录用；无德无才，坚绝不用。至于德重要还是才重要，他认为，如果才气很大，德性不好，对企业的破坏性可能就非常大。一个人智力有问题，是次品，一个人灵魂有问题，就是危险品，所以学会经营人心才是最重要的。

从 1999 年到 2001 年，伊利的主营业务收入和利润总额平均每年递增速度超过 40%，2001 年主营业务收入突破 27 亿元；蒙牛则以超过 300%的速度翻番增长，2001 年销售收入突破 7.24 亿元。

2003 年牛根生被评选为 CCTV2003 年"中国经济年度人物"。他的颁奖辞写道："他是一头牛，却跑出了火箭的速度！"

牛根生，从事乳业 27 年。甭管到哪，他都戴一条 18 元钱的领带，不以为耻反以为荣，因此便以"中国第一抠"自居，并扬言此乃"抠门富豪牛根生也"。但是，正是这样的"抠门富豪"，作出了让人难以置信的举动。2004年底，牛根生捐出全部个人股份设立"老牛专项基金"，成为"中国捐股第一人"、"全球华人捐股第一人"。老牛又一次散财，这让社会对老牛多了一份忽略：富豪榜单上，少了一个牛根生，但是，他却由此换得了另一种财富，那就是快乐。这一举动不得不让世人对牛根生刮目相看。牛根生把他的人格展现得淋漓尽致。

045

牛根生就是在"三无"的困境下开拓进取，使现在的蒙牛"一有全球样板工厂，二有国际示范牧场，三有液态奶销量全国第一的市场"。目前，蒙牛已在全国14个省级行政区建起20多座生产基地。产品覆盖全国除台湾省外的所有地区。开发的产品有液态奶、冰淇淋、奶品等三大系列100多个品种。蒙牛创造了多项全国纪录，它荣获中国成长企业"百强之冠"，位列"中国乳品行业竞争力第一名"，拥有中国规模最大的"国际示范牧场"，并首次引入挤奶机器人，是中国乳界收奶量最大的农业产业化"第一龙头"；蒙牛枕单品销量居全球第一，液态奶销量居全国第一，"消费者综合满意度"列同类产品第一名，同时也是2003年香港超市唯一获奖的大陆品牌，蒙牛还是中国首家在海外上市的乳制品企业，并一举摘得"2004年最佳IPO"桂冠。

牛根生心系农民。蒙牛集团一直将发展乳业看做是中国农民的一个"希望工程"。其领导的蒙牛与亿万消费者、千万股民、百万奶农及数十万产销大军结成命运共同体，被人们称为西部大开发以来"中国最大的造饭碗企业"，由此诞生了一段流传甚广的民谣："一家一户一头牛，老婆孩子热炕头；一家一户两头牛，生活吃穿不用愁；一家一户三头牛，三年五年盖洋楼；一家一户一群牛，比蒙牛的老牛还要牛。"

目前，公司属于中外合资股份制企业。从成立至今的短短几年时间内，蒙牛的业务收入在全国乳制品企业中的排名已经由第 1116 位上升至第 2 位。但牛根生却谦虚地说："我这辈子没离开过'牛'，姓牛，养牛，做牛奶，卖牛奶，一辈子实际上只做了一件事。"

成功不会一蹴而就，用心经营它才会到来。牛根生从洗瓶工到副总裁的成功经历告诉我们，一个人的成功需要付出辛勤的努力并且掌握正确的方法。大的成功总是需要有效的成功垫底。由于在成长过程中所受的挫折和磨难，牛根生能够更好地去关心身边的员工和需要帮助的人；而如果牛根生没有在伊利乳业的经验和成就，也就绝对没有今天的蒙牛。用牛根生自己的话说就是：我是从洗瓶工做到副总裁位置的，一方面，我的成长符合"蚂蚁上树模式"；另一方面，也符合"直升飞机模式"。

成功后的牛根生有两句经典的话，一句是说给失意者的："别人从零起步，而我是从负数起步"；一句是说给得意者的："小胜凭智，大胜靠德"。

制造从奴隶到将军奇迹的唐伟的故事

唐伟曾在上海的华东理工大学及加州的桑塔亚那学院接受大学教育，1986 年毕业于加州州立大学工程学院，获得化学工程理学学士学位。

世界最大的钢铁企业米塔尔集团出资 3.4 亿美元收购中国大型钢铁企业湖南华菱管线 36.7%股份，成为目前外资收购中国内地上市公司 A 股和钢铁企业的最大交易。在高朋云集的典礼上，人们把关注的目光投向米塔尔集团老板、世界第三富豪米塔尔的同时，也注意到他身边一位年轻的华人银行家唐伟，这起交易的主要发起者和策划人。

唐伟现任全球第六大投资银行美国贝尔斯登副董事长兼国际投资公司董事长，是目前在华尔街职务最高的亚裔人士。他目前担任的职务有：贝尔斯登公司副董事长，董事局董事兼高级常务执行董事，兼任贝尔斯登国际控股公司董事长兼总裁，美国西岸总经理。

很难想象，23 年前他从上海来到美国时，口袋里只有 20 美元，头脑里没有任何金融知识，从最初餐馆洗碗工这样最底层的工作到今日的贝尔斯登公司副董事长，主管贝尔斯登亚洲及美国西海岸公司业务，在美国 20 多年的人生经历，演绎的是现代版的从奴隶到将军，也是"美国梦"的典范之一。

048

提起他去美国的原因时，唐伟的嘴角浮现出难以掩饰的幸福，他微笑着说："我去美国的理由很简单，是因为我的女朋友去了美国。"

1981 年，唐伟的女朋友全家移民去了美国。已考入全国重点大学的唐伟面临人生的第一个关口。"当时我觉得只有一个选择，那就是和女朋友一起出国。"有一天，他来到母亲的办公室，找到了一本黄页电话簿，电话簿里有美国领事馆总领事的一个在紧急情况下才可以拨打的电话号码。中文说得很好的美国总领事很理解这个年轻人，给了他不少建议。总领事告诉了他整个过程所需要的文件和细节，没过多久，他就拿到了护照，女朋友也帮他拿到了其他需要的文件。一个星期天，他打电话给总领事，他说护照及所有的证件都搞定了，现在他就想去签证，但大使却说他明天要去北京开会，让他下个礼拜再去。心急如焚的唐伟等不急了，决定自己去试试看。星期一一大早他就很兴奋地到了领事馆。

进了签证部门，签证官问了他两个问题：一是为什么要去美国？他说女朋友在那边。二是问去了以后会不会回来？他却诚实地回答跟她结婚以后再说。如果女朋友回来他就回来，否则就和她一起留在美国。结果被以有移民倾向为由拒签了。出了门唐伟大哭一场，等清醒过来，赶紧又给总领事打了电话，总领事真的帮他"走后门"拿到了签证。这件事给他的启发是，一个人说真话，敢做敢说，有时候是好事，有时候是坏事；但是，结果是很难预知的。他的观点是，反正一个人就活一次，就要说真话、做真事，有了困难和痛苦才知道成功的甜蜜。所以，后来这就变成他做人的一个准则，大胆地说真话、做真事。

如果没有去美国，也许，我们无法看到一段美满的姻缘，也许华尔街上不会再有唐伟这个名字。人生中的很多事情就是无法预知的"奇迹"。爱成就了唐伟的梦，也成就了他的一生。

在美国的头几年里，唐伟度过了人生最艰辛的岁月。他一边在餐馆打工，一边学习，每天只能睡两三个小时，全年没有一天休息。因为没有绿卡，每小时收入只有 1 美元。10 个小时做完以后，老板却只给了他 6 美元。但是他却宽慰自己，觉得那天是他一生从获得报酬当中感到最幸福的一天。唐伟哈哈大笑说："我爸爸那时是教授，每个月 72 元人民币，而我第一天工作就赚了 6 美元，差不多有 50 元人民币。从资历方面我根本没法跟爸爸比，他一个月赚的我一天差不多就可以赚到。"他说："看待事情要从正面看，这是一个很重要的生活态度，只有这样，才能找到第二天继续努力的动力，不然的话，你会感到很悲哀，那么，你永远不会很高兴地去迎接第二天的挑战。人都是这样，当然我也不例外。但我会常常提醒自己，让自己忆苦思甜，永抱满足和感恩之心。"

唐伟觉得语言学校的英文课太深，上下学的公共汽车成为了他最好的学堂，今天，能说一口流利英语的唐伟谦虚地说，自己讲的是巴士英语。靠着勤奋和乐观，唐伟在美国站住了脚跟。有一次，为了保护钱箱被抢劫的歹徒用枪打伤，受到老板赏识，一路升到大区经理，拿到 8 万美元的年薪，当时他才22 岁。

后来唐伟辞职了，因为他的父母希望他从事与大学专业有关的工作。但他参加了 56 次面试，都失败了。而他的太太第一次面试就成功了。唐伟变成了"家庭主夫"，闲来无事在电视里看到一个教投资股票的金融节目，他第一次知道原来还可以这样赚钱，就很认真地学习，并用太太的工资炒了几次，1个月就获利 50%。不久，他意外地接到了自己股票经纪人的电话："我注意到你投资股票很有天赋，愿不愿意加入我们的行业?"第 57 次面试使他进入了投资银行这一全新的领域。

他刚去美林的时候是唯一一个中国大陆员工。公司希望能够通过他把中国业务搞起来，让他到那里去的原因只因为他会讲中文。于是，从美林公司的最底层职员到贝尔斯登公司的高级常务董事，唐伟做了 6 年。离开美林公司的时候，唐伟是美林公司西海岸最大的销售员。随后加盟雷曼兄弟公司，离开雷曼兄弟公司时，唐伟做到雷曼兄弟公司全球最大的销售员。

1992 年，唐伟加入贝尔斯登公司。1999 年，唐伟被调任贝尔斯登公司美国总部，后升任副董事长，从事第一批中国国有企业海外上市的承销。回到芝加哥后，他又负责全美中部业务，并协助大陆民营企业海外上市，到中国中部引入外资战略投资。每一次开拓空白地带的成功，如同一道道金色的台阶构筑起了唐伟的成功之路。他一路成为华尔街著名投资银行的高级经理、副总裁、董事、常务董事和副董事长。他的成绩单上，有美林公司西海岸业绩第一和雷曼兄弟公司全球业绩第一的业务员，更有在贝尔斯登协助易初摩托、中国移动、北京燕化、广深高速、中国电信等 10 多家中国企业海外成功上市的经历。

051

唐伟是一个善于创造奇迹的人，在经历了无数次风雨历程后，成功创造了成为华尔街职务最高的中国人的传奇故事。他认为，一个企业要走向世界，这就意味着它要把自己未来的一切都按照最高的标准来要求，而如果它不具备和国际资本市场对话所需要的理念，好的业绩都将只是昙花一现，难以为继。

从农民到留学教父的俞敏洪的故事

他很早就被冠以"留学教父"和"创业英雄",也是公认的中国英文教育行业中独辟蹊径的领袖人物之一。而在《时代》周刊的描述中,这个一手打造了新东方品牌的中国人更被称为"偶像级的,就像小熊维尼或米奇之于迪士尼"——他就是俞敏洪。

在中国企业家中,俞敏洪对阿里巴巴的马云印象很深:两人都是高考连考三年才中。故事追溯到 30 年前,俞敏洪当时的理想还只是考上家乡的江阴师范学院,可以不用喂猪、种地。但 1978 年第一次参加高考就让他体会到人生时常充满绝望:英语 33 分;次年再考,英语 55 分,俞敏洪依然名落孙山。

俞敏洪不知道马云坚持到第三年有什么理由,反正他坚持到第三年的理由是要对自己有个交代，这是俞敏洪第一次在绝望中寻找希望。1980年，俞敏洪第三次高考，终于给了自己个交代，考上了北京大学英语系。

在北京大学，俞敏洪班上从农村来的孩子只有3个。当时相貌和英语都不惊人的他在北大痛苦地挣扎了5年，多出来的一年"奉献"给了肺结核。在养病的日子里，俞敏洪身心放松地读了600本名著，他说这是他在北大除学英语外的最大收获。最后毕业时，他的成绩也仅是班里的倒数第5名。

053

1985年俞敏洪毕业时，正值北大公共英语迅速发展，英语教师奇缺。喜欢北大宁静生活的俞敏洪斗胆"混进"了青年教师队伍，从此拉开了他教育生涯的序幕。

最开始的时候，北大分给他一间8平方米的地下室，整个楼房的下水管刚好从他房间通过，24小时的哗哗水声传进耳朵，俞敏洪把它听成是美丽的瀑布，不去想象里面的内容。后来腾给他一间北大16楼的宿舍，地面的阳光让俞敏洪感动得热泪盈眶，决定把一辈子都献给北大。

当俞敏洪为房子而折腰时，他的同学和周围朋友却嗅到了国门敞开后美元的味道，并努力向着味道的方向进军。他发现周围朋友们都失踪了，最后接到他们从海外发来的明信片，才知道他们已经登上了北美大陆。于是他也开始联系出国的事，可是联系了4年，最后也没有成功。

1993年11月16日，俞敏洪创办了北京市新东方学校并担任校长，从最初的几十个学生开始了新东方的创业过程。截止到 2000 年，新东方学校已经占据了北京约 80%全国 50%的出国培训市场，年培训学生数量达 20 万人次。

2006 年 9 月 7 日，新东方在纽约证券交易所成功上市，新东方作为中国首家教育概念股开创了中国民办教育发展的新模式，并受到了广泛欢迎，股价涨势强劲。而持股 31.18%（4400 万股）的俞敏洪个人财富也水涨船高，俞敏洪身价暴涨成为中国最富有的教师。

俞敏洪有过三次高考落榜的经历、留学的夙愿未能实现，以及后来当老师的种种不如意，但是他从不曾妥协。他认为这是生活在让他懂得如何在绝望中去寻找希望。如果他当年落榜、留学失败、被北大处罚后接受大家的劝说安静地过日子，现在他可能是个农民，可能是个外语系副教授，也可能和很多人一样过着单位、社会为你设计的被动生活。

他说他能有今天，全凭借他的 3 个优点：坚韧不拔、有进步心态和宽容。他说他做事情要尽量把事情做得最好。他考大学时，第一年没考上考第二年，第二年没考上考第三年；出国也是联系了 4 年，当然最后没有成功。后来做新东方做了十四五年，还在很认真地做；在北大当老师一当就当了六七年。其次，从小学到中学到大学，他都没有得过全班的前 20 名，大学毕业那年的学习成绩是全班倒数第 5，但他还是坚持在学，而且大学毕业后他还是边工作边学习。他认为他自己有进步心态，比较善于学习。第三就是他比较有耐心和宽容度，这一点在做新东方后看出了好处，因为一帮人在一起总有各种各样的摩擦，要能容忍，就不会把事情弄到极端，就很容易化解矛盾。

在事业上，俞敏洪可以算是领袖人物，在生活中，他也有着不一样的自我认知。他经常和员工以及学生说："你想知道自己的价值有多少，看看你身边的朋友，选出5个朋友，他们价值的平均值就是你的价值。"

10年前，34岁的俞敏洪就被称作"超级英文词典"，他掌握了8万个英文词汇，比一本《朗文英汉双解词典》还要多一倍。现在，俞敏洪除了新东方董事长兼CEO的正式头衔，还增加了"中国最富有的教师"称号。根据2006年12月1日新东方股票收盘价31.91美元估算，俞敏洪的身价已经高达3.5亿美元，相当于27亿人民币。如果把这些钱装订成朗文词典那么厚的书，可以开一家小型书店了，至少要有上万本！

今天的俞敏洪仍时常给学生上英语课，也时常讲到自己刻骨铭心的亲身经历：两次高考英语总分仅88分时的无语、连续4年被美国大学拒收后无尽的绝望、创业之初被其他培训机构恐吓后的浑身颤抖。但学生感受到的往往是他历经痛苦绝不回头的努力，是绝望后坚韧不拔的继续追求，是颤抖后重新积聚的力量。新东方的校训，带有鲜明的俞敏洪的个人烙印。

从农民之子变成"教育首富"，俞敏洪用了13年时间。除了个人财富的增加，他还改变了中国的英语教育方式。在新东方最为擅长的出国培训方面，近十年出国的留学生中，有七八成都曾在新东方受过培训。如果你想去美国留学，去北四环保福寺的新东方原总部报一个培训班，与到秀水街的美国驻北京大使馆办签证一样，都是必走的程序。俞敏洪也因此被《亚洲周刊》评选为"21世纪影响中国社会的 10 位人物"。

俞敏洪曾经说过："成功是一种心态，摔倒了一万次，我们还要有第一万零一次尝试的勇气。"

从"首负"到"首富"的史玉柱的故事

　　史玉柱曾是"中国首负"，也是中国最受争议的企业家之一。他是名副其实的商界传奇人物，早20世纪80年代末就登上了福布斯富豪榜，资产超过两亿。有人说他是个超然独处的商业奇才，有人说他是抓住人性弱点赚钱的商人。谁都无法否定他在中国市场上所造就的那些营销神话。

　　史玉柱小学四年级时因为迷恋小人书而留级，中学后开始疯狂学习，以勤奋赌明天，最终以全县第一名的成绩考取了浙江大学。史玉柱从浙江大学数学系毕业时，时值1984年，大学毕业生无比受重视的年代，毕业后被分配至安徽省统计局。因工作出色，1986年安徽统计局将其列入干部第三梯队送至深圳大学软件科学管理系读研究生，毕业回去即是稳稳的处级干部。但到深圳后，接触到了高科技软件开发技术的史玉柱很快就有了创业的想法。于是 1989 年史玉柱在深大研究生毕业后所做的第一件事就是辞职。为此遭到了领导、亲人的一致反对，但史玉柱还是带着其在读研究生时开发的 M-6401 桌面排版印刷系统返回了深圳。凭借信心，史玉柱赢了第一步。100 万成为了他的一个新起点。出于对技术和市场的把握，使史玉柱成功地跨过了创业的第一道槛。之后，从 M-6402 一直到 M-640 "汉卡"，都获得了巨大成功。短短数年间，史玉柱个人荣登《福布斯》中国大陆富豪榜第 8 位，他所成立的巨人集团也迅速成为位居四通之后的中国第二大民营高科技企业。

058

1991 年初，史玉柱携带自己的软件离开深圳到珠海重新创业。他宣布："巨人集团要成为中国的 IBM，成为东方的巨人。"1992 年，巨人集团已经发展成了一家资本超过 1 亿元、引人瞩目的高科技集团公司。也正是这一年，史玉柱头上先后罩上了十几个光环，荣获了珠海市科技进步特别奖。中央领导都先后到巨人集团视察。史玉柱的事业至此达到了巅峰。此时他刚刚 30 岁。

冲昏了头脑的史玉柱行事开始缺乏理性，"70 层巨人"大厦的上马，把一个财富神话从天堂打入了地狱。2000 年，他从富豪榜走下圣坛，史玉柱成为负债 2 亿的中国 "首穷"。史玉柱一直说巨人之败，是败在自身，完全是因为创业之初一切过于顺利。

当人人以为史玉柱就此沉沦的时候，他却出现了，而且还驾着保健品、网游这两架"马车",比以前更有钱、更成功。2007 年,史玉柱在纽交所风光上市,有了数百亿美元的身家。能够在如此短的时间里,从失败的低谷爬起来,获得更大的成功,靠的是史玉柱的人脉、勤劳、天分,以及他多年来不断打造和壮大的"巨人"军团。

1998 年,山穷水尽的史玉柱找朋友借了 50 万元,开始运作脑白金。毛泽东农村包围城市的理论,使他倍感亲切。史玉柱把脑白金的起始地选在了江阴。没有成品,就拿个其他产品的包装盒当道具。他走乡串户,与 300 多位老大妈促膝谈心,一点点嗅出富裕起来的农民对长寿和不糊涂的渴望,而且他们不会自己掏钱买,他们希望有人送。终于,史玉柱心里有底了。他信心十足地对团队说:"行了,我们有救了。脑白金很快就能做到 10 个亿。"于是,"今年过节不收礼,收礼只收脑白金"的广告出台了。在人们的骂声中,很快达到了他预期的目标,而且脑白金的销售十年不衰。

2001 年成立上海黄金搭档生物科技有限公司,史玉柱当选为"CCTV 中国经济年度人物"。2004 年 11 月成立上海征途网络科技有限公司。2007 年 10 月,上海征途网络科技有限公司正式更名为上海巨人网络科技有限公司,并于 2007 年 11月登陆纽约证券交易所,公司总市值达到 42 亿美元。他也当选为"2007 年中国十大营销人物"。

如果征途网络 IPO 市盈率达到 30 倍,史玉柱在征途网络的股份市值有可能超过 400 亿元，并且长期看涨。加上他在保健品和银行领域的投资收入，史玉柱的个人身家很可能将超过准首富碧桂园的最大股东杨惠妍，达到 500 多亿元，直逼中国首富宝座。继陈天桥之后，网络游戏再次创造了财富传奇。"新徽商"史玉柱有望凭借征途网络重新夺回互联网产业人士盛大陈天桥、网易丁磊失守的中国首富宝座。

2008 年 1 月 10 日，巨人突然宣布已获得运动休闲游戏《运动王国》在中国大陆、香港、台湾和澳门的代理权。《运动王国》允许玩家建立一个单一的角色来玩各种各样的运动游戏，如网球、篮球、滑冰等。这款游戏刚好迎合奥运的临近，或许会激发更多玩家对这款游戏的热情。这款游戏可能预示着史玉柱的悄然转型：从迎合放人恶俗到开发人们的志趣。

史玉柱，一个有着传奇和神话般经历的人，而且，这个传奇和神话正在续写。从创业成功—失败—更成功，史玉柱式的大落大起传奇，其颠覆世俗力量和眼光的创业韧性，在近 20 年的中国人创业史上，似乎无人能出其右。

阿里巴巴的财主马云的故事

　　马云作为中国互联网行业的先锋人物，是最早在中国开拓电子商务应用并坚守互联网领域的企业家，是"中国人要做世界上最好的站点"和最独创的商业模式的理想者和实干家。他一直以来在互联网商务领域富有创意的概念和作品，丰富了全球和中国商人的商业内容和行为，他在 1995 年 4 月创办了中国第一个互联网商业网站——"中国黄页"，提出并实践面向中小企业的 B2B 电子商务模式，他在中国网站全面推行"诚信通"计划，开创全球首个企业间网上信用商务平台。他发起并策划了著名的"西湖论剑"大会，并使之成为中国互联网最大的盛会。同时也在国内最早形成主页发布的互联网商业模式，成功地发布了浙江省"金鸽工程"、无锡小天鹅、北京国安足球俱乐部等中国第一批互联网主页。他付出极大的时间、热情、胆识、智慧，在中国宣传互联网知识和应用，为互联网商务应用播下最初的火种。1998-1999 年，马云领导了由中国对外经济贸易合作部辖下中国国际电子商务中心成立的资讯科技公司。并在 20 世纪末为全球商人贡献了一款经典站点：阿里巴巴网。

哈佛大学两次将他和阿里巴巴经营管理的实践收录为 MBA 案例。在 2002 年 1 月发布的阿里巴巴第二份 MBA 管理案例，哈佛引用了马云对阿里巴巴核心价值的阐述，马云认为："阿里巴巴的价值不在于每天浏览量的多少，而在于能否给客户带来价值。"以此来表明对阿里巴巴迅速发展的认可。

由于良好的定位、稳固的结构和优秀的服务使阿里巴巴成为全球首家拥有超过 800 万网商的电子商务网站，遍布 220 个国家和地区，每日向全球各地企业及商家提供 810 万条商业供求信息，成为全球商业网络推广的首选网站，被商人们评为"最受欢迎的 B2B 网站"。

阿里巴巴在美国学术界掀起了研究热潮；连续五次被美国权威财经杂志《福布斯》选为全球最佳 B2B 站点之一；多次被相关机构评为全球最受欢迎的 B2B 网站、中国商务类优秀网站、中国百家优秀网站、中国最佳贸易网。被国内外媒体、硅谷和国外风险投资家誉为与 Yahoo、Amazon、eBay、AOL 并肩的五大互联网商务流派代表之一。

马云目前担任软银集团董事。马云于 2001 年被世界经济

论坛选为"全球青年领袖"，美国亚洲商业协会评选他为 2001
年度"商业领袖"，2002 年 5 月马云成为日本最大的杂志《日
经》的封面人物，《日经》杂志高度评价阿里巴巴网在中日贸
易领域里的贡献。2004 年 12 月，荣获 CCTV 十大年度经济人
物奖。2005 年马云被美国财富杂志评为"亚洲最具权力的 25
名商人"之一。

马云——这个社会设计师对"支付宝"业务的创造性开拓
起到了至关重要的作用。网上交易最大的困难是交易双方互不
见面，欺诈现象普遍。诚信是电子商务得以发展的根基。没有
诚信的环境和诚信的链条，电子商务就是纸上谈兵。支付宝一
开始就打出"你敢用，我就敢赔"的口号，使得众多商家消除
了顾虑。2005 年 2 月 2 日，支付宝又推出"全额赔付制度"，
使淘宝网的交易量成井喷式增长。到 2008 年 1 月 14 日，使用
支付宝的用户已经超过 6300 万，支付宝日交易总额超过 3.1
亿元人民币，日交易笔数超过 135 万笔。2007 年，国内电子
支付市场全年交易额实现了 100%的增长并突破 1000 亿元，其
中，支付宝一家就占了 50%以上。按这个趋势，用不了 4 年，
电子商务交易额将突破 1 万亿元。可以想象，一个控制了
5000 亿元现金流量的支付宝将具有何等威力。

可是有谁能想到，就是这样一个既有个性又有智慧的企业
家、网络牛人出生在杭州一户普通人家，在求学时代是个顽
童，从小喜欢替朋友出头打架，成绩让老师很头痛。连马云也

曾笑言自己小学考重点中学,考了三次都没有考上,高中考大学也是考了三次,最终才考上了没有什么名气的杭州师范学院。1988 年,马云去杭州电子工业学院教外语,这是他的第一份工作。当时工资大约每月 110 元。西湖边的第一个英语角就是马云发起的。1992 年,马云和朋友一起成立了杭州最早的专业翻译社"海博翻译社",课余四处活动接翻译业务。到 1995 年,钱没赚多少的马云,却凭超强的活动能力为自己带来了不小的名气。一家和美商合作承包建设项目的中国公司,聘马云为翻译到美国收账。对马云触动最大的是,他好奇地对朋友说在搜索引擎上输入单词"啤酒",结果只找到了美国和德国的品牌。当时他就想应该利用互联网帮助中国的公司为世界所熟悉。就这样,他一步一步地接近了成功。

《福布斯》对马云的描写是:"深凹的面颊,扭曲的头发,淘气的露齿笑,一个 5 英尺高、100 磅重的顽童模样。"

马云的阿里巴巴今天树一根柱子,明天砌一面墙,后天又搭个凉棚,人们还看不出阿里巴巴的整体影像。终于,在 2008 年初,阿里巴巴发布了建设电子商务生态链的战略。人们这才对马云这个总设计师,有了一个具体概念。难怪比尔·盖茨说:"下一个比尔·盖茨就是中国的马云"!

农村娃娃鲁建国致富的故事

1966 年，鲁建国出生在黄陂区一个叫鲁家院的湾子里。他是长子，饱受生活磨难的父母对他寄予了很大的希望。小时候，鲁建国是一个"不听话的孩子"。15 岁，刚读初二的时候，鲁建国就辍学了，他决定追随父亲，从黄陂乡下来到武汉市区。鲁建国的父亲在武昌解放桥附近开了一家打铁铺，打铁手艺远近闻名。父亲希望鲁建国继承父业，学好打铁手艺，经营好打铁铺。可十几岁的鲁建国在父亲的打铁铺干了几个月，就坚绝不做了。当时他就有着更大的理想，他认为小小的打铁铺做不大，他要做自己的事业。随后几年，鲁建国开始了自己的创业历程。他先后尝试了不同的行当，但对尚显稚嫩的鲁建国来说，开始的创业经历带给他的只是失败的辛酸。

首先，他在汉口扬子街一带卖服装，一个小小的门面开始了他的创业之路。但卖服装的两三年时间，最终还是让鲁建国亏了数万元，这给了他一个沉重的打击。

20世纪80年代末期，父亲又拿钱给他买了一辆中巴车，让他在武汉市区与黄陂之间跑起了客运。然而，由于没有经验，在别人跑中巴都赚钱的时候，鲁建国却赔了本。中巴开了一两年，鲁建国亏掉了两三万元。一次又一次的失败，让鲁建国无颜面对父亲对他的一片苦心和殷切希望。可父亲并没有对他失去信心，依然鼓励着他。

鲁建国心底里也没有放弃对创业的执著。一次又一次的失败和痛苦让他更加坚强。1990年，他在武汉重新开始创业。这一次，他没有向家人要本钱。他揣着四五十元，干起了最差、最苦的事情——收废品。也正是这最差、最苦的事情，让他迎来了人生的转机。别人收废品是坐等废品送上门，他是骑着自行车主动出击，到图书馆、大学、企业等单位联系废纸、废铁等。他坚守着一条理念——做任何事情都不怕碰钉子。他收废品不像别人，他要做得上档次。在干废品收购这一行中，他是最早买BP机、摩托车和手机的。他买这些"奢侈品"，不仅是消费，也是为了"联系业务"。几年的辛苦，让鲁建国第一次尝到了成功的喜悦。通过收废品，鲁建国赚了十几万元。已经赚到第一桶金的鲁建国，开始寻求新的发展机遇。他在收废品的时候，接触了一些钢铁企业，看到了钢铁贸易的商机。那时候，如火如荼的城市建设催生了钢材经销业的兴盛。

1994 年，鲁建国在武昌螃蟹甲的一个破旧厂房里，租了个 50 平方米左右的门面，办起了自己的第一个公司——武汉市龙发钢铁工贸公司。这一次，鲁建国旗开得胜，第一年就大获成功。总共投入不到 30 万元，第一年的毛利就达到了 60 万元。然而，1995 年之后，由于国家开始对过热的经济实行宏观调控，而且钢材经销行业的竞争对手也越来越多。初尝成功滋味的鲁建国就要在激烈的市场竞争的夹缝中求生存。于是他仔细研究全国钢材市场信息，在同行中率先从外省进货，从而降低了价格。由此，鲁建国在激烈的市场竞争中顽强地生存了下来。同时，鲁建国举起了"诚信谦和，诚恳待人，诚实经营"的大旗。

1999 年初，鲁建国向武汉市某公司销售了 400 吨钢材，那批货物外观光洁度不太符合买方的心意，尽管买方没提出任何要求，鲁建国仍然将全部货物返库，重新发货。这一举措虽然对公司的利益造成了影响，但获得了客户的极大好感。2000 年，龙发公司送往阳逻国际集装箱外贸码头的钢材，客户要求每批货都进行质检，鲁建国不仅爽快地答应了，而且派人到现场办理。这赢得了客户的信任，从此，与鲁建国建立了牢固的业务关系。

武汉的众多城市建设项目，都留下了鲁建国的身影。多年以来，他的企业为湖北、武汉地区的基建提供了大量的钢材，如京珠高速公路、阳逻国际集装箱外贸码头、武汉展览馆、武汉市区的立交桥、龙王庙长江防洪工程等。2005 年，鲁建国又在万里长江第一隧——武汉过江隧道项目钢材供应中竞标成功。在龙发公司创立至今的 11 年时间里，公司销售额以平均每年 110%的速度上升。目前，公司年钢材销售达到 40 万吨，公司资产达到 3 亿元。龙发公司先后在武汉、上海、唐山建立了 13 个销售基地。2004 年，公司销售收入突破 15 亿元，上缴利税 8000 万元。

鲁建国并不是只顾自己发财的人。1996 年，鲁建国在武昌螃蟹甲经营钢材门市部时，他提出建设钢材零售市场。他的建议得到了政府领导的高度重视。很快，武昌沙湖有了武汉市第一个钢材零售市场，它有力地推动了武汉钢材交易市场的发展。鲁建国还帮助一些有能力的下岗工人，在管理、资金、信息等方面给他们大力支持，帮助他们创业。如今，有的下岗工人已经拥有自己的公司，资产达 3000 万元。十多年来，鲁建国共帮助 56 名青年成功创业，其中资产超过 100 万元的有 50多人。

2007 年 9 月 28 日，刚刚荣获"中国青年创业奖"的鲁建国，一回武汉就向共青团武汉市委捐款 20 万元，设立了青年创业培训基金。鲁建国说："我的思想像温州人，性格像北方人。成功之前的磨难，成了我宝贵的财富。"颁奖词是这样介绍鲁建国的："从贫穷的农村打工者，到拥有亿万资产的民营企业家，鲁建国成就了一个农村娃的'致富神话'。"

理想国的创始人柏拉图的故事

柏拉图原名亚里士多克勒，家中排行老四。柏拉图是其体育老师给他起的绰号。他出身于雅典贵族，苏格拉底的学生，亚里士多德的老师。柏拉图跟随苏格拉底学习了 10 年，苏格拉底死后，他游历四方，曾到埃及、小亚细亚和意大利南部从事政治活动，企图实现他的贵族政治理想。公元前 387 年活动失败后逃回雅典，在一所称为阿加德米的体育馆附近设立了一所学园（学园是西方最早的教学机构，它是中世纪时在西方发展起来的大学的前身），此后执教 40 年，直至逝世。他一生著述颇丰，著有《理想国》、《法律篇》、《巴门尼德篇》、《会饮篇》、《智者篇》、《斐多篇》、《泰阿泰德篇》、《蒂迈欧篇》等。其教学思想主要集中在《理想国》和《法律篇》中。

柏拉图是西方客观唯心主义的创始人，其哲学体系博大精深，对其教学思想影响尤甚。柏拉图认为人的一切知识都是由天赋而来，它以潜在的方式存在于人的灵魂之中。因此认识不是对世界物质的感受，而是对理念世界的回忆。柏拉图哲学的本体论被称为"客观唯心主义"。他是西方客观唯心主义的奠基人。

柏拉图在跟随苏格拉底学习的时候很好学，是同学中最刻苦的一个。有一次，柏拉图问老师什么是爱情？老师就让他先到麦田里去，摘一棵麦田里最大最饱满的麦穗来，期间只能摘一次，并且只可向前走，不能回头。于是柏拉图按照老师说的去做了。结果他两手空空的走出了田地。老师问他为什么摘不到？他说：因为只能摘一次，又不能走回头路，期间即使见到最大、最饱满的米麦穗，因为不知前面是否有更好的，所以没有摘；走到前面时，又发觉总不及之前见到的好，原来最大、最饱满的麦穗早已被我错过了；于是我什么也没摘到。老师说：这就是"爱情"。

之后又有一次，柏拉图问他的老师什么是婚姻，他的老师就叫他先到树林里，砍下一棵树林中最大、最茂盛、最适合放在家中做圣诞树的树。其间同样只能砍一次，同样只可以向前走，不能回头。于是，柏拉图照着老师的话做了。这次，他带了一棵普普通通，不是很茂盛，也不算太差的树回来了。老师问他，怎么带这棵如此普通的树回来，他说："有了上一次的经验，当我走了大半路程还两手空空时，看到这棵树也不太差，便砍下来，免得错过了，最后又什么也带不出来。"老师告诉他："这就是婚姻！"

人生正如穿越麦田和树林，只走一次，不能回头。要找到属于自己最好的麦穗和大树，你必须要有莫大的勇气和付出相当的努力。

《理想国》是柏拉图最重要的著作，该书代表了他理想的社会观。《理想国》涉及柏拉图思想体系的各个方面，包括哲学、伦理、教育、文艺、政治等内容，主要是探讨理想国家的问题。他认为，国家就是放大了的个人，个人就是缩小了的国家。人有三种品德：智慧、勇敢和节制。国家也应有三等人：一是有智慧之德的统治者；二是有勇敢之德的卫国者；三是有节制之德的供养者。前两个等级拥有权力但不可拥有私产，第三等级有私产但不可有权力。他认为这三个等级就如同人体中的上中下三个部分，协调一致而无矛盾，只有各就其位，各谋其事，在上者治国有方，在下者不犯上作乱，就达到了正义，就犹如在一首完美的乐曲中达到了高度和谐。他认为：理想的国家纵然还不能真实存在，但它却是唯一真实的国家，现存各类国家都应向它看齐，即使不能完全相同，也应争取相似。这就是柏拉图对他的理想国家所持的态度。柏拉图在文艺、美学等方面，也有成套的理论主张。他的"对话"妙趣横生、想象丰富，因此他完全有资格被列入古代文学大师之列。

在柏拉图的《理想国》中，有这么一个著名的洞穴比喻来解释理念论：有一群囚犯在一个洞穴中，他们手脚都被捆绑，身体也无法转身，只能背对着洞口。他们面前有一堵白墙，他们身后燃烧着一堆火。在那面白墙上他们看到了自己以及身后到火堆之间事物的影子，由于他们看不到任何其他东西，这群囚犯会以为影子就是真实的东西。最后，一个人挣脱了枷锁，并且摸索出了洞口。他第一次看到了真实的事物。他返回洞穴并试图向其他人解释，那些影子其实只是虚幻的事物，并向他们指明光明的道路。但是对于那些囚犯来说，那个人似乎比他逃出去之前更加愚蠢，并向他宣称，除了墙上的影子之外，世界上没有其他东西了。

072

柏拉图在西方受到了广泛的尊重和注意。因为他的作品是西方文化的奠基文献。在西方哲学的各个学派中，很难找到没有吸收过他的著作的学派。有的哲学史家认为，直到近代，西方哲学才逐渐摆脱了柏拉图思想的控制。

柏拉图的理论，虽被认为是唯心主义的，但他对西方哲学的启蒙作用被普遍认可，也因为他卓越的人格而备受尊重。

最博学的人亚里士多德的故事

公元前 384 年，亚里士多德生于富拉基亚的斯塔基尔希腊移民区，这座城市是希腊的一个殖民地，与正在兴起的马其顿相邻。他的父亲是马其顿国王腓力二世的宫廷御医，从他的家庭情况看，他属于奴隶主阶级中的中产阶层。他于公元前 367 年迁居到雅典，曾经学过医学，17 岁赴雅典就读于柏拉图学园，由于他聪敏过人，深受柏拉图的喜爱，成为柏拉图的得意门生。他在学园一共学习了 20 年，直到柏拉图去世。

柏拉图称他是"学园之灵"。但亚里士多德可不是个只崇拜权威，在学术上唯唯诺诺而没有自己的想法的人。他同大谈玄理的老师不同，他努力地收集各种图书资料，勤奋钻研，甚至为自己建立了一个图书室。有记载说，柏拉图曾讽刺他是一个书呆子。在学院期间，亚里士多德就在思想上跟老师发生了分歧。他曾经隐喻地说过，智慧不会随柏拉图一起死亡。当柏拉图到了晚年的时候，他们师生间的分歧更大了，经常发生争吵。

公元前342年，亚里士多德回到马其顿，担任13岁的王子亚历山大的教师，这位王子就是后来的亚历山大大帝。他负责教王子达三年之久。公元前335年，亚历山大登上王位之后，亚里士多德返回雅典，在城外吕克昂的阿波罗神庙附近的运动场里另立讲坛。由此，他的学园被称为吕克昂。他的教学活动多在运动场里的散步区进行，边走边讨论问题，因此又被称为逍遥学派。与此同时，亚历山大大帝正忙于对外军事扩张。亚历山大并不想从老师那里得到什么劝导，相反为老师提供了大量钱财，以便让他继续从事科学研究。科学家依靠国家财力进行科学研究，这是历史上的第一次，也是其后数世纪中所没有出现过的情况。

作为一位最伟大的、百科全书式的科学家，亚里士多德对世界的贡献无人可比。但他的成就远不止于此。他还是一位真正哲学家，对哲学的几乎每个学科都作出了贡献。亚里士多德全部作品的数目大得惊人，有47部留存下来，古代书名册上的记录表明他写的书不少于170本。但是令人吃惊的不仅在于他的作品数量，而且在于他知识的博大精深。实际上他的科学著作构成了他所在时代的一部科学知识百科全书。其中包括天文学、动物学、地理学、地质学、物理学、解剖学、生理学，几乎古希腊人所掌握的任何其他学科都无所不有。他的科学著作一部分是对其他人已经获得的知识的汇编，一部分是他雇用助手为他收集资料所获的创造成果，一部分是他自己通过大量的观察而获得的成果。

亚里士多德在哲学上最大的贡献在于创立了形式逻辑这一重要分支学科。逻辑思维是亚里士多德在众多领域建树卓越的支柱，这种思维方式自始至终贯穿于他的研究、统计和思考之中。

在天文学方面，亚里士多德认为运行的天体是物质的实体，地是球形的，是宇宙的中心；地球和天体由不同的物质组成，地球上的物质是由水气火土四种元素组成，天体由第五种元素"以太"构成。

在生物学方面，他对五百多种不同的植物动物进行了分类，至少对五十多种动物进行了解剖研究，指出鲸鱼是胎生的，还考察了小鸡胚胎的发育过程。亚历山大大帝在远征途中经常给他捎回各种动植物标本。

在伦理学方面，亚里士多德强调的是所谓"黄金比例"。这或许和希腊自然派哲学家的"和谐"概念类似。他认为，人不应该偏向哪一个极端，惟有平衡，人才能过快乐和谐的生活。

亚里士多德集中古代知识于一身，在他死后几百年中，没

有一个人像他那样，对知识有过系统考察和全面地掌握。他的
著作是古代的百科全书，他的思想曾经统治过全欧洲。恩格斯
称他是"最博学的人"。

启蒙运动最卓越的代表卢梭的故事

077

卢梭 1712 年 6 月 29 日出生于瑞士日内瓦一个钟表匠的家庭。父亲是钟表匠，技术精湛；母亲是牧师的女儿，颇为聪明，端庄贤淑。母亲因生他难产去世，他是由父亲和姑妈抚养大的。卢梭后来在他的《忏悔录》中回忆道："我的出生使母亲付出了生命，我的出生也是我无数不幸中的第一个不幸。"

他父亲的嗜好是读书，这种嗜好无疑也遗传给了他。7 岁的卢梭就将家里的书籍遍览无余。他还外出借书阅读，如勒苏厄尔著的《教会与帝国历史》、包许埃的《世界通史讲话》、普鲁塔的《名人传》、那尼的《威尼斯历史》、莫里的几部剧本等等，他都阅读过。

卢梭 13 岁时，舅舅决定将他送往马斯隆先生那里，在他手下学当律师书记，希望他能赚点生活费。卢梭 15 岁当钟表学徒谋生，因不堪忍受粗暴的待遇，16 岁时为生活所迫而离开日内瓦，到处为有钱人做临时工，居无定所。后来，他遇到了贵妇德·瓦朗夫人，被其收留。1732 年以后，在德·瓦朗夫人的庇护下，他系统地学习了历史、地理、天文、物理、化学、音乐和拉丁文，并接受了伏尔泰的哲学思想。此后，他当过仆从、秘书、家庭教师、乐谱抄写员。在巴黎，他应狄德罗之约，为《百科全书》撰写音乐方面的文稿。1749 年 10 月，在狄德罗的鼓励下，应第戎学院的征文，以论文《论科学与艺术》中选，蜚声法国。1755 年，法国第戎学院再次征文。卢梭以《论人类不平等的起源和基础》应征，从此确立了卢梭的在西方思想界的地位。

他在巴黎住了 15 年，早已厌倦了城市生活。于是他决定隐居，这时的卢梭已有些名气，已经不用再为生活费发愁了。他的文笔和天赋已使他成为知名的文人，但是，卢梭觉得为面包而写作，会毁灭他的才华。他的才华不是在笔上，而是在心里，他始终认为作家的地位只有在它不是一个行业的时候才能保持；当一个人只为维持生计而思维的时候，他的思想就难以高尚，为了能够和敢于说出伟大的真理，就绝不能屈从于对成功的追求。

卢梭隐居 6 年之中，写了许多著名的著作，有政治学名著《民约论》，这是世界政治学史上著名的经典著作之一；他的政治观点，对后来的法国革命产生了很大影响。教育学论著《爱弥儿》，简述了他那独特而自由的教育思想，这是一部儿童教育的经典著作，不但对后来的教育学说产生了深远的影响，而且其民主自由的思想也成为法国大革命的动力。自传体小说《新爱洛绮丝》的出版，成为人人争看的畅销书，并被翻译成多种语言，风靡全欧。

变抑制天性的教育为尊重天性的教育，是教育上的巨大变革。在这个历史转折点上，卢梭是关键性的人物。他竭力主张根据受教育者不同阶段的身心特征来规定教育任务。

卢梭"归于自然"的理论体现在教育目标上，要求培养自然人；而身心协调发展的自然人理论，比当时的教育理想跨越了一大步。而卢梭塑造的爱弥尔，既有哲学家的头脑，又有劳动者的身手，还有改革家的品德。无疑，他是卢梭所憧憬的自然人。

卢梭的著作对社会主义、民族主义、浪漫主义、极权主义和反理性主义的崛起是一个重要的因素，还为法国革命扫清了道路，为现代民主和平等的理想做出了重大的贡献。

站在连接日内瓦老城和新区的勃朗峰大桥上，沿罗纳河方向望去，几十米外就是著名的"卢梭岛"。该岛原名巴尔克岛，是罗纳河上的一块自然礁石。卢梭幼年时代曾出城玩耍，晚上回来因城门关闭被迫露宿城外。那个当年遥望着巴尔克岛的点点烛光独自流泪的孩子恐怕没有想到，该岛后来会以他的名字命名。

    1778 年卢梭客死法国巴黎郊外的一个村庄，后来被隆重地安葬在巴黎先贤祠。

择邻三迁终成亚圣的孟子的故事

孟子远祖是鲁国贵族孟孙氏，后来家道衰微，从鲁国迁居到邹国。三岁丧父，孟母将其抚养成人。孟子并非是一个天生就有学问的人，他幼年时非常贪玩，不喜欢读书。后来，孟母为了教育他，给他一个好的学习环境而3次搬家。后人称之为孟母三迁。孟母教子甚严，其"迁地教子"、"三断机杼"，成为千古美谈，《三字经》里有"昔孟母，择邻处"之说。

在孟轲学走路的时候，孟母就非常重视对他的教育。最初，孟家住在一片坟地附近，常会看到来上坟、扫墓的人跪拜祭奠，哭哭啼啼。幼年的孟轲觉得非常有趣，就和小伙伴们在家门口用土垒起"小坟墓"，也哭祭起来。孟母正在堂屋里织布，忽然听得一群孩子大哭的声音，觉得非常奇怪，便放下机梭起身走到门口，向外一看，只见一群孩子跪的跪，拜的拜，假坟假墓、土香土烛，学得像模像样的在祭奠坟墓。孟母大吃一惊，孩子年幼无知，大人却该知道为孩子选择一个良好的环境。于是，孟母立刻带着儿子离开了这个地方。孟母将家搬到了一个集镇上。这里人来人往，车水马龙，是个热闹的地方。镇上开着不少的店铺，各式各样的买卖人高声吆喝、吹嘘着他们的货物。市场的喧闹嘈杂，买卖之间的斤斤计较、讨价还价，更使小孟轲兴奋极了，他的好奇心和求知欲得到了新的满足。日子一久，孟轲和小伙伴们一起用石子、木块在家里摆起了摊位，有的孩子扮演买东西的顾客，有的孩子扮演卖东西的老板，有时争得面红耳赤，有时双方满意成交，居然像真的一样。孟母见状，决定再次搬家。原以为这里人多或许能让孩子学到些有用的东西，谁知孩子却拿腔拿调做起了小商贩，好儿郎"学而优则仕"，学些商场上的尔虞我诈有何用？有了上两次的教训，第三次孟母把家搬到了一所学堂边。在这里，孟轲天天看到的是正襟危坐的先生和彬彬有礼的学童，听到的是诲人不倦的教导和琅琅上口的书声。于是，聪明的小孟轲也跟着他们学了起来，有时还会摇头晃脑地背起书来。直至有一天，小孟轲对妈妈说："妈妈，我要读书，你把我送进学堂里去吧。"孟母终于发出了舒心的微笑，她感到这次终于选对了地方。

对于孟子的教育，孟母更是重视。除了送他上学外，还督促他学习。有一天，孟子逃学回家，孟母正在织布，看见孟子逃学，非常生气，拿起一把剪刀，就把织布机上的布匹剪断了。孟母责备他说："你读书就像我织布一样。织布要一线一线地连成一寸，再连成一尺，再连成一丈、一匹，织完后才是有用的东西。学问也必须靠日积月累，不分昼夜勤求而来的。你如果偷懒，不好好读书，半途而废，就像这段被割断的布匹一样变成了没有用的东西。"孟子听了母亲的教诲，深感惭愧。从此以后专心读书，发愤用功，身体力行，终于成为一代大儒，被后人称为"亚圣"。

在孟子生活的时代，百家争鸣，"杨朱、墨翟之言盈天下"。孟子站在儒家立场加以激烈抨击。孟子师承子思（一说是子思的私淑弟子），继承和发展了孔子的思想，提出一套完整的思想体系。

孟子周游齐、晋、宋、薛、鲁、滕、梁列国，游说他的"仁政"和"王道"思想。后归而与弟子讲学著书，作《孟子》7篇。孟子维护并发展了儒家思想，提出了"仁政"学说和"性善"论观点，坚持以"人"为本。

他的思想对后世影响很大。《孟子》一书被封为儒家经典。南宋朱熹将其与《论语》、《大学》、《中庸》合为"四书"。元朝至顺元年（1330年），孟子被加封为"亚圣公"，以后就称为"亚圣"，地位仅次于孔子。其思想与孔子思想合称为"孔孟之道"。

近代科学之父伽利略的故事

伽利略1564年生于意大利的比萨城，就在著名的比萨斜塔旁边。他的父亲是个破产贵族。当伽利略来到人世时，家里很穷。伽利略的父亲是一位不得志的音乐家，精通希腊文和拉丁文，对数学也颇有造诣。因此，伽利略从小受到了良好的家庭教育。

十七岁时，他遵从父命进入比萨大学学医，同时潜心钻研物理学和数学。由于家庭经济困难，伽利略没有拿到毕业证书，便离开了比萨大学。在艰苦的环境下，他仍坚持科学研究，攻读了欧几里得和阿基米德的许多著作，做了许多实验，并发表了许多有影响的论文，从而受到了当时学术界的高度重视，被誉为"当代的阿基米德"。

伽利略是第一个把实验引进力学的科学家，他利用实验和数学相结合的方法确定了一些重要的力学定律。1582 年前后，他经过长期的实验观察和数学推算，得到了摆的等时性定律。后来荷兰物理学家惠更斯根据这个原理制成挂摆时钟，人们称之为"伽利略钟"。他根据杠杆原理和浮力原理写出了第一篇题为《天平》的论文。不久又写了《论重力》，第一次揭示了重力和重心的实质并给出准确的数学表达式，因此声名大振。与此同时，他对亚里士多德的许多观点提出了质疑。

　　1592 年，伽利略来到威尼斯的帕多瓦大学任教，开始了他科学活动的黄金时期。在这一时期，他研究了大量的物理学问题，如斜面运动、力的合成、抛射体运动等。他还对液体与热学作了研究，发明了温度计。

　　1610 年，伽利略把他的著作以通俗读物的形式发表出来，取名为《星空信使》，这本书在威尼斯出版，轰动了当时的欧洲，也为伽利略赢得了崇高的荣誉。伽利略被聘为"宫廷哲学家"和"宫廷首席数学家"。

　　伽利略曾非正式地提出过惯性定律和外力作用下物体的运动规律，这为牛顿正式提出运动第一、第二定律奠定了基础。在经典力学的创立上，伽利略可说是牛顿的先驱。

　　伽利略还提出过合力定律，抛射体运动规律，这在他晚年写出的力学著作《关于两门新科学的谈话和数学证明》中有详细的描述。他还用实验证实了哥白尼的"地动说"，彻底否定了统治千余年的亚里士多德和托勒密的"天动说"。

伽利略的晚年生活极其悲惨，他的女儿赛丽斯特竟然先于他离开了人世。失去爱女的过分悲伤，使伽利略双目失明。即使在这样的条件下，他依然没有放弃自己的科学研究工作。

1642年1月8日，凌晨4时，伟大的伽利略——为科学、为真理奋斗一生的战士、科学巨人离开了人世，享年78岁。在他离开人世的前夕，他还重复着这样一句话："追求科学需要特殊的勇气。"

伽利略在人类思想解放和文明发展的过程中作出了划时代的贡献。他为近代科学的生长，进行了坚持不懈的斗争，并向全世界发出了振聋发聩的声音。因此，他是科学革命的先驱，也是"近代科学之父"。他追求科学真理的精神和成果，永远为后代所景仰。

第一个注意苹果落地的人牛顿的故事

1643 年 1 月 4 日，在英格兰林肯郡小镇沃尔索浦的一个自耕农家庭里，牛顿诞生了。牛顿是一个早产儿，出生时只有三磅重，接生婆和他的亲人都担心他能否活下来。谁也没有料到这个看起来微不足道的小家伙会成为了一位震古烁今的科学巨人，并且竟活到了 85 岁的高龄。

牛顿出生前三个月父亲便去世了。在他两岁时，母亲改嫁给一个牧师，把牛顿留在外祖母身边抚养。11 岁时，母亲的后夫去世了，母亲带着和后夫所生的一子二女回到牛顿身边。牛顿自幼沉默寡言，性格倔强，这种习性可能来自他的家庭处境。

一谈到牛顿，人们可能认为他小时候一定是个"神童"、"天才"、有着非凡的智力，其实不然。牛顿童年身体瘦弱，头脑并不聪明。在家乡读书的时候，很不用功，在班里的学习成绩属于次等。但他的兴趣广泛，游戏的本领也比一般儿童高。平时他爱好制作机械模型一类的玩意儿，得到了人们的赞许。

牛顿12岁时进入了离家不远的格兰瑟姆中学。牛顿的母亲原希望他成为一个农民，但牛顿本人却无意于此，而酷爱读书。后来迫于生活，母亲让牛顿辍学在家务农，赡养家庭。但牛顿一有机会便埋首书卷，以致经常忘了干活。

牛顿工作很忘我，每天除抽出少量的时间锻炼身体外，大部分时间是在书房里度过的。一次，在书房中，他一边思考着问题，一边煮鸡蛋。苦苦地思索，简直使他痴呆。突然，锅里的水沸腾了，赶忙掀锅一看，"啊！"他惊叫起来，锅里煮的却是一块怀表。原来他考虑问题时竟心不在焉地随手把怀表当做鸡蛋放在了锅里。

还有一次，牛顿邀请一位朋友到他家吃午饭。他研究科学入了迷，把这件事情忘掉了。他的佣人照例只准备了牛顿一个人吃的午饭。临近中午，客人应邀而来。客人看见牛顿正在埋头计算问题，桌上、床上都摆着稿纸、书籍。看到这种情形，客人没有打搅牛顿，见桌上摆着饭菜，以为是给他准备的，便坐下吃了起来。吃完后就悄悄地走了。当牛顿把题计算完之后，走到餐桌旁准备吃午饭时，看见盘子里吃过的鸡骨头，恍然大悟地说："我以为我没有吃饭呢，我还是吃了。"

牛顿在临终前对自己的生活道路是这样总结的："我不知

道在别人看来，我是什么样的人；但在我自己看来，我不过就像是一个在海滨玩耍的小孩，为不时发现比寻常更为光滑的一块卵石或比寻常更为美丽的一片贝壳而沾沾自喜，而对于展现在我面前的浩瀚的真理的海洋，却全然没有发现。"至于在力学和天文学方面，有伽利略、开普勒、胡克、惠更斯等人的努力，牛顿才有可能用已经准备好的材料，建立起一座宏伟壮丽的力学大厦。

牛顿是个十分谦虚的人，从不自高自大。曾经有人问牛顿："你获得成功的秘诀是什么？"牛顿回答说："假如我有一点微小成就的话，没有其他秘诀，唯有勤奋而已。"他又说："假如我看得远些，那是因为我站在了巨人们的肩上。"这些话多么意味深长啊！它生动地道出牛顿获得巨大成就的奥妙所在，这就是在前人研究成果的基础上，以献身的精神，勤奋地创造，才开辟出了科学的新天地。

1727 年 3 月 20 日，伟大的艾萨克·牛顿逝世了。同其他很多杰出的英国人一样，他被埋葬在了威斯敏斯特教堂。他的墓碑上镌刻着：让人们欢呼这样一位多么伟大的人类荣耀曾经在世界上存在。

电磁学之父法拉第的故事

法拉第在 1831 年发现的电磁感应现象，预告了发电机的诞生，开创了电气化的新时代。他毕生致力研究的科学理论——场的理论，引起了物理学的革命。

1791 年，法拉第出生于伦敦市郊一个贫困铁匠的家里。他父亲的收入菲薄，经常生病，子女又多，所以法拉第小时候连饭都吃不饱，有时他一个星期只能吃到一个面包，当然更谈不到去上学了。

法拉第 12 岁的时候，就上街去卖报。一边卖报，一边从报上识字。到 13 岁的时候，法拉第进了一家印刷厂当图书装订学徒，他一边装订书，一边学习。每当工余时间，他就翻阅装订的书籍。有时甚至在送货的路上，他也边走边看。经过几年的努力，法拉第终于摘掉了文盲的帽子。

渐渐地，法拉第能够看懂的书越来越多。劳动了一天以后，他在微弱的烛光下拼命地读书。他开始阅读《大英百科全书》，并常常读到深夜。他特别喜欢电学和力学方面的书。法拉第没钱买书、买本子，就利用印刷厂的废纸订成笔记本，摘录各种资料，有时还自己配上插图。

　　一个偶然的机会，英国皇家学会会员丹斯来到印刷厂校对他的著作，无意中发现法拉第的"手抄本"。当他知道这是一位装订学徒的笔记时，大吃一惊，于是，丹斯送给法拉第皇家学院的听讲券。

　　1813年3月，他由戴维举荐到皇家研究所任实验室助手。这是法拉第一生的转折点，从此他踏上了献身科学研究的道路。同年10月，戴维到欧洲大陆作科学考察、讲学，法拉第作为他的秘书、助手随同前往。历时一年半，先后经过法国、瑞士、意大利、德国、比利时、荷兰等国，结识了安培、盖·吕萨克等著名学者。1815年，法拉第陪同戴维教授自欧洲大陆旅行讲学归来后，除了协助戴维进行化学试验之外，自己也开始独立从事一些小实验。他在以后的十年中进行了各方面的实验。1842年，法拉第被选为伦敦皇家学会会员。一年后，他发现了一种重要的碳氢化合物——苯。同年，任皇家实验室主任，不久，又任化学教授，并接替了戴维死后留下的职位。相传法拉第的老师戴维，一个誉满全球、世界公认的大化学家在瑞士日内瓦养病时，有人问他一生中最伟大的发现是什么，他绝口不提自己发现的钠、钾、氯、氟等元素，却说："我最伟大的发现是一个人，他就是法拉第！"

法拉第主要从事电学、磁学、磁光学、电化学方面的研究，并在这些领域取得了一系列重大发现。1820年，奥斯特发现电流的磁效应之后，法拉第于1821年提出"由磁产生电"的大胆设想，并开始了艰苦的探索。1821年9月，他第一次实现了电磁运动向机械运动的转换，从而发明了电动机的实验室模型。

1831年是法拉第作出重大发现的一年。这一划时代的伟大发现，使人类掌握了电磁运动相互转变以及机械能和电能相互转化的方法，成为现代发电机、电动机、变压器技术的基础。与此同时，他还研究了电流的化学作用。

为了说明电的本质，法拉第进行了电流通过酸、碱、盐的溶液的一系列实验，从而导致1833-1834年连续发现电解第一定律和电解第二定律，为现代电化学工业奠定了基础，第二定律还指明了存在基本电荷，电荷具有最小单位，成为支持电的离散性质的重要结论，对于导致基本电荷e的发现以及建立物质电结构的理论具有重大意义。为了正确描述实验事实，法拉第制定了迁移率、阴极、阳极、阴离子、阳离子、电解、电解质等许多概念和术语。

回国以后，法拉第开始独立进行科学研究。不久，他发现了电磁感应现象。1834年，他发现了电解定律，震动了科学界。这一定律，被命名为"法拉第电解定律"。由于他对电化学的巨大贡献，人们用他的姓——"法拉第"，作为电量的单位，用他姓的缩写——"法拉"作为电容的单位。1845 年，他病愈后又重新置身于研究工作之中，并发现了抗磁性。

法拉第是电磁场理论的奠基人，他首先提出了磁力线、电力线的概念，在电磁感应、电化学、静电感应的研究中进一步深化和发展了"力线思想"，并第一次提出"场"的思想，建立了电场、磁场的概念，否定了超距作用观点。爱因斯坦曾指出，场的思想是法拉第最富有创造性的思想，是自牛顿以来最重要的发现。麦克斯韦正是继承和发展了法拉第的"场"的思想，为之找到了完美的数学表示形式，从而建立了电磁场理论。

法拉第依靠刻苦自学，从一个连小学都没念过的装订图书学徒工，跨入了世界第一流科学家的行列。恩格斯曾称赞法拉第是"到现在为止最大的电学家"。

1858 年，法拉第离开皇家学院，迁到伦敦附近的汉普顿·科尔特的住宅，这所房子为英国女王所赐。他晚年最大的痛苦就是失去了记忆力。虽然他们夫妻没有子女，但他却在幸福的家庭中度过了自己的一生。1867 年 8 月 25 日，法拉第坐在他的书房里看书时逝世，终年 76 岁。

法拉第的主要著作有《电学实验研究》、《化学和物理学实验研究》、《日记》。

法拉第对科学坚韧不拔的探索精神，为人类文明进步纯朴无私的献身精神，连同他的杰出的科学贡献，永远为后人敬仰。

数学王子高斯的故事

1796 年的一天，德国哥廷根大学，一个 19 岁的青年吃完晚饭，开始做导师单独布置给他的每天例行的数学题。正常情况下，青年总是在两个小时内完成这项特殊作业。

像往常一样，前两道题目在两个小时内顺利地完成了。第三道题写在一张小纸条上，是要求只用圆规和一把没有刻度的直尺做出正 17 边形。青年没有在意，像做前两道题一样开始做起来。然而，做着做着，青年感到越来越吃力。

困难激起了青年的斗志：我一定要把它做出来！他拿起圆规和直尺，在纸上画着，尝试着用一些超常规的思路去解这道题。当窗口露出一丝曙光时，青年长舒了一口气，他终于做出了这道难题。

见到导师时，他感到有些内疚和自责。他对导师说："您给我布置的第三道题我做了整整一个通宵，我辜负了您对我的栽培……"导师接过青年的作业一看，当即惊呆了，他用颤抖的声音对青年说："这真是你自己做出来的？青年有些疑惑地看着激动不已的导师，回答道："当然。但是，我很笨，竟然花了整整一个通宵才做出来。"导师请青年坐下，取出圆规和直尺，在书桌上铺开纸，叫青年当着他的面做一个正17边形。青年很快就做出来了。导师激动地对青年说："你知不知道，你解开了一道有两千多年历史的数学悬案？阿基米德没有解出来，牛顿也没有解出来，你竟然一个晚上就解出来了！你真是天才！我最近正在研究这道难题，昨天给你布置题目时，不小心把写有这个题目的小纸条夹在了给你的题目里。"

多年以后，这个青年回忆起这一幕时，总是说："如果有人告诉我，这是一道有两千多年历史的数学难题，我不可能在一个晚上解决它。"这个青年就是数学王子高斯。后来为了纪念他，在德国哥廷根大学的广场上，引人注目地矗立着一座用白色大理石砌成的纪念碑，它的底座砌成正十七边形，纪念碑上是一个青铜雕像，他就是高斯。19世纪前期，德国数学家高斯在近代科学研究领域里，以其数学研究的辉煌成果，被世人公认为继牛顿之后的最伟大的数学家，被人们誉为"数学王子"。

1777年4月30日，高斯出生在德国布劳恩什维格城郊的一个小村。他爷爷是个农民，父亲是个短工，母亲是石匠的女儿。在高斯的家族中没有一个读书人。高斯小的时候，家里非常贫困，连油灯都买不起，高斯只好把一个大萝卜挖去了心，塞进一块油脂，插上一根灯芯，做成一盏灯，用来读书。

高斯很早就展现出了过人的才华，3 岁时就能指出父亲账册上的错误。7 岁时进了小学，有一位城里来的老师很看不起他们这些穷孩子。总是给孩子们出难题，高斯 10 岁时，老师考了那道著名的"从 1 加到 100"，终于发现了高斯的才华，他知道自己的能力不足以教高斯，就从汉堡买了一本较深的数学书给高斯读。同时，高斯和大他差不多十岁的助教变得很熟，后来他的助教成为大学教授，他教了高斯更多更深的数学。

1788 年，年仅 11 岁的他，就发现了二项式定理。1794 年他开始从事研究测量误差，提出了最小二乘法，1826 年前后，他连续出版了三部关于最小二乘法的著作。1799 年，他证明了代数学的一个基本定理：实系数代数方程必有根。1801 年，他出版了《算术研究》一书，开创了近代数论。1818 年，他提出了关于非欧几里得可能性的思想，虽然在生前没有发表，可实际上他已经是非欧几里得几何学的创始人之一。1827 年，他又建立了微分几何中关于曲面的系统理论——这是微分几何的开端，著有《曲面的一般研究》一书。1831 年，他建立了复数的代数学，用平面上的点来表示复数，破除了复数的神秘性。另外，他沿着拉普拉斯的思想，继续发展了概率论。此外，他还研究了向量分析，关于正态分布的正规曲线、质数定理的验算等。他在数学的许多方面都取得了出色的成果。高斯24岁时出版了《算学研究》，这本书原来有八章，由于钱不够，只好印七章。这本书除了第七章介绍代数基本定理外，其余都是数论，可以说是数论第一本有系统的著作。

　　高斯还是一个多才多艺的人，他不仅在数学上无人可比，同时在天文学、物理学直至测地学等方面也都有较深的造诣。在天文学方面，高斯研究了月球的运转规律；还创立了一种可以计算星球椭圆轨道的方法，可以极准确地预测出行星的位置。在物理学方面，高斯与德国物理学家韦伯合作，一道建立了电磁学中的单位制，并于1833年首创了电磁铁电报机。高斯还在库仑定律的基础上，提出了高斯定律，它是静电作用的基本定律之一。在测地学方面，高斯发明了"日光反射器"，并写出了相关著作。为了研究地球表面，1822年他在地图投影中采用了等角法，1827年写出了《曲面的一般研究》一书。高斯还发表了地磁理论，绘出了世界上第一张地球磁场图，写出了磁南极和磁北极的位置。

　　高斯的学术地位，历来为人们推崇。他有"数学王子"、"数学家之王"的美称、被认为是人类有史以来"最伟大的四位数学家之一"（阿基米德、牛顿、高斯、欧拉）。人们还称赞高斯是"人类的骄傲"。天才、早熟、高产、创造力不衰……，人类智力领域的几乎所有褒奖之词，对于高斯都不过分。如果我们把 18 世纪的数学家想象为一系列的高山峻岭，那么最后一个令人肃然起敬的巅峰就是高斯；如果把 19 世纪的数学家想象为一条条江河，那么其源头就是高斯。

在 1855 年 2 月 23 日的清晨，高斯在他的睡梦中安详地去世了。

进化论的奠基人达尔文的故事

达尔文于 1809 年 2 月 12 日出生于施鲁斯伯里镇一个世代医生的家庭。祖父和父亲都是当地的名医，家里希望他将来继承祖业，16 岁时便被父亲送到爱丁堡大学学医。但他少年时代就爱好博物学和化学等自然科学。尤其喜欢打猎、采集矿物和动植物标本。进到医学院后，他仍然经常到野外采集动植物标本。父亲认为他"游手好闲"、"不务正业"，一怒之下，于 1828 年又送他到剑桥大学，改学神学，希望他将来成为一个"尊贵的牧师"。达尔文对神学院的神创论等谬说十分厌烦，他仍然把大部分的时间用于听自然科学讲座，自学大量的自然科学书籍。对神秘的大自然充满了浓厚的兴趣。在这里，他对两种水生生物进行了研究，获得了一些有趣的发现，于是，他在该校的学术团体普林尼学会先后宣读了他最早的两篇论文，那时他才 17 岁。

1831 年他毕业后就参加了测量考察舰"贝格尔"号历时 5 年的环球旅行。这是对达尔文有着决定意义的 5 年。南美洲等地大量的物种变异的事实，使他对《圣经》产生了怀疑。通过对采集到的各种动物标本和化石进行比较和分析，他认识到物种是可变的。由此，他逐步摆脱了神创论的束缚，坚定地走上了相信科学和追求真理的道路。

1832 年 2 月底，"贝格尔"号到达巴西，达尔文上岸考察，向船长提出要攀登南美洲的安第斯山。当他们爬到海拔 4000 多米的高山上时，他意外地在山顶上发现了贝壳化石。他非常吃惊，他心中想到："海底的贝壳怎么会跑到高山上来呢?"经过反复思索，他终于明白了地壳升降的道理。达尔文脑海中一阵翻腾，对自己的猜想有了更进一步的认识："物种不是一成不变的，而是随着客观条件的不同而相应变异!"

后来，达尔文又随船横渡太平洋，经过澳大利亚，越过印度洋，绕过好望角，于 1836 年 10 月回到英国。在历时 5 年的环球考察中，达尔文积累了大量的资料。回国之后，他一面整理这些资料，一面又深入实践，同时，查阅大量书籍，为他的生物进化理论寻找根据。1842 年，他第一次写出《物种起源》的简要提纲。1859 年 11 月达尔文经过 20 多年研究而写成的科学巨著《物种起源》终于出版了。在这部书里，达尔文旗帜鲜明地提出了"进化论"的思想，说明物种是在不断变化的，是由低级到高级、由简单到复杂的演变历程。

这部著作的问世，第一次把生物学建立在完全科学的基础上，以全新的生物进化思想，推翻了"神创论"和物种不变的理论。《物种起源》是达尔文进化论的代表作，标志着进化论的正式确立。

紧接着，达尔文又开始他的第二部巨著《动物和植物在家养下的变异》的写作，以不可争辩的事实和严谨的科学论断，进一步阐述了他的进化论观点，提出物种的变异和遗传、生物的生存斗争和自然选择的重要论点，并很快出版了这部巨著。晚年的达尔文，尽管体弱多病，但他以惊人的毅力，顽强地坚持进行科学研究和写作，连续出版了《人类的由来》等很多著作。

达尔文本人认为"他一生中主要的乐趣和唯一的事业，是他的科学著作。还有一些在旅行中直接考察得到的最重要的科学成果，如达尔文本人所写的著名的《考察日记》和《贝格尔号地质学》、《贝格尔号的动物学》等。在他的著作中，具有特别重大历史意义的是《物种起源》，表明达尔文的进化论思想和自然选择理论的逐步发展过程。《物种起源》的出版是一件具有世界意义的大事，因为《物种起源》的出版标志着19世纪绝大多数有学问的人对生物界和人类在生物界中的地位的看法发生了深刻的变化。

达尔文是一位不畏劳苦沿着陡峭山路攀登的人。在《物种起源》发表以后的 20 年里，他始终没有中断过科学工作。1876 年，他写成的《植物界异花受精和自花受精的效果》一书，就是经过长期大量实验的结果。书中提出的异花受精一般是有利的结论，已在农业育种中广泛应用。到了晚年，达尔文心脏病严重，但他仍坚持科学工作。就在他去世的前两天，他还带着重病去记录实验情况。

1882 年 4 月 19 日，这位伟大的生物学家逝世了。由于达尔文一生对生物科学作出的划时代的贡献，人们将他葬在伦敦威斯敏斯特教堂的北廊，和杰出的科学家牛顿葬在了同一个地方。

103

近代遗传学之父孟德尔的故事

孟德尔 1822 年 7 月 22 日出生于奥地利西里西亚附近的农民家庭，全名叫约翰·孟德尔，是家中五个孩子中唯一的男孩。他的故乡素有"多瑙河之花"的美称。孟德尔的父亲酷爱园艺，是果树栽培嫁接方面的行家，左邻右舍的农民经常来向他请教。约翰从小就在父亲的影响下学会了干各种农活，并且对果树嫁接产生了浓厚的兴趣。由于家境困难，他没有读完大学，就到布龙一所修道院当了院士。这是由于他感到"被迫走上生活的第一站，而这样便能解除他为生存而做的艰苦斗争"。因此，对于孟德尔来说，"环境决定了他职业的选择"。1847年获得牧师职位。在朋友的资助下，1849 年他获得一个担任中学教师的机会。但在 1850 年的教师资格考试中，他的成绩很差。为了"起码能胜任一个初级学校教师的工作"，他所在的修道院把他派到维也纳大学学习，希望他能得到一张正式的教师文凭。1853 年夏天，他回到布龙修道院，担任动植物学教师。他结合教学，从事植物的杂交实验工作。

经过比较之后，孟德尔把自己的精力集中在豌豆的杂交研究上。因为豌豆是一种严格进行自交的植物。这对孟德尔的实验来说是非常重要的。后来，正是这个实验解决了 2300 多年前亚里士多德提出的："有一个白种人女子嫁给一个黑种人，他们的子女是白色的，但到了孙儿那一代之中，为什么又有黑色的？"这类问题。

起初，孟德尔豌豆实验并不是有意为探索遗传规律而进行的。他的初衷是希望获得优良的品种，只是在试验的过程中，逐步把重点转向了探索遗传规律上。豌豆的杂交实验从 1856 年至 1864 年共进行了 8 年。他发现了生物遗传的基本规律，那就是"孟德尔第一定律"和"孟德尔第二定律"，它们揭示了生物遗传奥秘的基本规律。

孟德尔将其研究的结果整理成论文发表。但是，伟大的孟德尔的思维和实验太超前了，尽管与会者绝大多数是布鲁恩自然科学协会的会员，其中既有化学家、地质学家和生物学家，也有生物学专业的植物学家、藻类学家，但他们实在跟不上孟德尔的思维。因此，孟德尔的研究并未引起任何反响。

1900 年，三位植物学家——荷兰的德弗里斯、德国的科伦斯、奥地利的切马克几乎在同时发表了各自的论文，而且，在论文中都称赞了一个奥地利人孟德尔，说他发现了重要的遗传学定律，是遗传学的奠基人。因为孟德尔远在他们之前，已经深入地研究了遗传现象。

孟德尔还提出了遗传学上另一个重要理论——遗传因子自由组合定律。虽然他的论文发表了，自然科学学会的年刊也分送到欧洲和美洲的大约 120 个图书馆里，可没有一个人能弄懂孟德尔的这篇论文，也没有一个人能认识到这篇论文的重大意义。

1884 年 1 月 6 日，62 岁的孟德尔在布隆修道院悄悄地离开了人间。一直到他死去 16 年后，人们才了解到他创立的学说的伟大，并在布隆立了一座石像来隆重纪念他。孟德尔终于得到了世界的公认！

1965 年，英国一位进化论专家在庆祝孟德尔上述论文发表 100 周年的讲话中说："一门科学完全诞生于一个人的头脑之中，这是唯一的一个例子。"在同年的另一次演讲中，他更明确地指出："准确地说出一门科学分支诞生的时间和地点的事是稀奇的，遗传学是个例外，它的诞生归功于一个人：他就是孟德尔。"

诺贝尔奖的创始人诺贝尔的故事

诺贝尔 1833 年出生于瑞典首都斯德哥尔摩的一个机师家庭。但由于经营不佳，屡受挫折。后来，一场大火又烧毁了父亲的全部家当，生活完全陷入穷困潦倒的境地，要靠借债度日。父亲为躲避债主离家出走，到俄国谋生。诺贝尔的两个哥哥在街头巷尾卖火柴，以便赚钱维持家庭生计。由于生活艰难，诺贝尔一出世就体弱多病，由于家庭贫困，他几乎没有受过什么正规的学校教育。

诺贝尔的父亲倾心于化学研究，尤其喜欢研究炸药。受父亲的影响，诺贝尔从小就表现出顽强勇敢的性格。他经常和父亲一起去实验炸药，几乎是在轰隆轰隆的爆炸声中度过了童年。

诺贝尔 8 岁才上学，但只读了一年书，这也是他所受过的唯一的正规学校教育。到他 10 岁时，全家迁居到俄国的彼得堡。在俄国由于语言不通，诺贝尔和两个哥哥都进不了当地的学校，只好在当地请了一个瑞典的家庭教师，指导他们学习俄、英、法、德等语言，体质虚弱的诺贝尔学习特别勤奋，然而到了他 15 岁时，因家庭经济困难，交不起学费，兄弟三人只好停止学业。诺贝尔来到了父亲开办的工厂当助手，他细心地观察并认真地思索，凡是他耳闻目睹的那些重要学问，都被他敏锐地吸收进去了。

他了解到早在 1847 年，意大利的索伯莱格就发明了一种烈性炸药，叫硝化甘油。它的爆炸力是历史上任何炸药所不能比拟的。但是这种炸药极不安全，稍不留神，就会使操作人员粉身碎骨。诺贝尔决心把这种烈性炸药改造成安全炸药。1862 年夏天，他开始了对硝化甘油的研究。这是一个充满危险和牺牲的艰苦历程。死亡时刻都在陪伴着他。连他最小的弟弟也未能幸免。这次惊人的爆炸事故，使诺贝尔的父亲受到了十分沉重的打击，没有多久就去世了。他的邻居们出于恐惧，也纷纷向政府控告诺贝尔，此后，政府不准诺贝尔在市内进行实验。但是，诺贝尔百折不挠，他把实验室搬到市郊湖中的一艘船上继续实验。经过长期的研究，他终于发现了一种非常容易引起爆炸的物质——雷酸汞，他用雷酸汞做成炸药的引爆物，成功地解决了炸药的引爆问题，这就是雷管的发明。它是诺贝尔科学道路上的一次重大突破。

这种炸药本身仍有许多不完善之处。存放时间一长就会分解，强烈的振动也会引起爆炸。在运输和贮藏的过程中曾经发生了许多事故。针对这些情况，他又进行反复研究，发明了以硅藻土为吸收剂的安全炸药，这种被称为黄色炸药的安全炸药，在火烧和锤击下都表现出极大的安全性。这使人们对诺贝尔的炸药完全解除了疑虑，诺贝尔再度获得了信誉，炸药工业也很快获得了发展。在安全炸药研制成功的基础上，诺贝尔在法国又开始了对旧炸药的改良和新炸药的生产研究。两年以后，一种以火药棉和硝化甘油混合的新型胶质炸药研制成功。这种新型炸药不仅有高度的爆炸力，而且更加安全，既可以在热辊子间碾压，也可以在热气下压制成条绳状。胶质炸药的发明在科学技术界受到了普遍的重视。诺贝尔在已经取得的成绩面前没有停步，当他得知无烟火药的优越性后，又投入了混合无烟火药的研制，并在不长的时间里研制出了新型的无烟火药。

109

诺贝尔一生的发明极多，获得的专利就有 355 种，其中仅炸药就达 129 种。他的发明兴趣不仅限于炸药，作为发明家、科学家，他有着丰富的想象力和不屈不挠的毅力。他曾经研究过合成橡胶、人造丝，做过改进唱片、电话、电池、电灯零部件等方面的实验，还试图合成宝石。尽管与炸药的研究相比，这些研究的成果不是很大，但是他那勇于探索的精神却为后人留下了深刻的印象。

诺贝尔把他的毕生心血都献给了科学事业，他一生过着独身生活，大部分时间是在实验室中度过的。他谦虚谨慎，对别人亲切而忠诚。他拒绝别人的吹捧，不让报纸刊登他的照片和画像。长期紧张的工作，使他积劳成疾，但在生命的垂危之际，他仍念念不忘对新型炸药的研究。1896年12月10日，这位大科学家、大发明家和实验家，由于心脏病突然发作而逝世。

诺贝尔是一位名副其实的亿万富翁，他的财产累计达30亿瑞典币。但是，他与许多富豪截然不同。他一贯轻视金钱和财产。当他母亲去世时，他将母亲留给他的遗产全部捐献给了慈善机构，只留下了母亲的照片，以作为永久的纪念。他说："金钱这东西，只要能解决个人的生活就够用了，若是多了，它会成为遏制人才的祸害。有儿女的人，父母只要留给他们教育费用就行了，如果给予除教育费用以外的多余财产，那就是错误的，那就是鼓励懒惰，那会使下一代不能发展个人的独立生活能力和聪明才干。"

诺贝尔在遗嘱中指定把他的全部财产作为一笔基金，每年以其利息作为奖金，分配给那些在前一年中对人类做出贡献的人。设立了后来成为国际最高荣誉的奖金——诺贝尔奖，即和平、文学、物理学、化学、生理学或医学共5项诺贝尔奖金。为了纪念这位伟大的发明家，从1901年开始，每年在他去世的日子，即12月10日颁发诺贝尔奖。

诺贝尔奖不仅仅表明了这位科学家的伟大人格，而且，随着世界科学技术的飞速发展，越来越成为世界科学技术冠军的标志，激励着越来越多的精英豪杰，献身于科学事业，去攻克一道道科学难关。同时，它也极大地促进了世界科学技术的发展和世界科学文化的交流。

　　诺贝尔不仅为人类创造了大量的物质文明财富，还为人类留下了艰苦创业，不慕功利、虚名的崇高精神。诺贝尔曾在一封信中对于他所获得奖章的原因叙述道：他得奖章不只是由于发明炸药的缘故。比如，瑞典政府授予他极星勋章，是因为他的烹调本领；他得到法国勋章，是因他与一位部长过往甚密；他得到巴西勋章，是因为偶尔认识了一位要人；他得到皮立华勋章，是因为授勋人想模仿一出名剧中授勋时的情形。

　　诺贝尔虽然与世长辞了，但是，他的名字、他那百折不挠的科学精神，以及他出资设立的诺贝尔奖，一直激励着全世界的科学家在科学的大道上生命不息、奋斗不止。当一代又一代诺贝尔奖获得者站在领奖台上感受那无与伦比的光荣时，我们有理由相信，这应该是诺贝尔最大的幸福——对全人类最无私的奉献！

电灯之父爱迪生的故事

　　童年时期的爱迪生就开始表现出他的与众不同，也正是他的这种与众不同给他的童年生活带来了不少的磨难。小小年纪的他不停地发问，甚至显得有些无理取闹，经常把别人问得哑口无言。爱迪生的父亲也时常因此而懊恼不已，比如当爱迪生问到为什么会有风，他无从作答，爱迪生又不识趣地非要追问父亲为什么不知道，而招致了原本可以避免的一顿皮肉之苦。8岁时爱迪生才开始上学，就读于一所很简陋的学校。学校只有一个班级，他们的校长就是他们的老师。由于课程安排乏味，缺少生气，年幼的爱迪生完全提不起兴趣，经常在上课期间离开座位，甚至跑到附近找到一些稀奇古怪的小玩意拿回教室里摆弄，对其他同学也影响甚大。这引起了老师极大的不满。再加上他那爱问问题的天性，经常问得老师不知该如何作答。气急败坏的老师终于忍无可忍找到了爱迪生的母亲，对她说爱迪生很愚钝，经常问一些不着边际的问题，比如 2 加 2 为什么等于 4，诸如此类的问题，他认为爱迪生不具备学习的能力，而且严重影响了其他同学正常的学习，建议爱迪生的母亲将其带回家，不要再继续读书了。不得不承认，爱迪生有一个好母亲，她当场就力斥老师的评价，并表明她认为她的儿子是一个非常聪明的孩子，并且远远超过同龄的孩子，她不会让爱迪生再来学校上课了，并且决定自己在家里教她的儿子。虽然在老师面前爱迪生的母亲据理力争，但当她将爱迪生领出学校时还是忍不住流下了眼泪。爱迪生的母亲是当时一所女子学校的教师，具有丰富的教育经验，从那以后，她就开始担负起爱迪生的教育工作。她不仅教爱迪生文学、地理等各方面的知识，还努力培养爱迪生的读书兴趣，教授其正确而且良好的学习方法，这对于爱迪生成长为一个伟大的发明家和科学家有着密切的联系。后来，爱迪生回忆说："我在早年发现了慈母是如何有益的。当学校教员叫我笨蛋时，她来到学校为我极力辩护，就从那时，我决定要给她争脸面，不辜负她对我的期望。她实在是真正理解我的人。"孩子的基因怎样并不要紧，要紧的是后天的打磨，正确的打磨成就了天才，也可以弥补先天的不足。

113

　　古往今来，科学奇才经常在科学领域里大展拳脚，但在生意场却像是被缚住了手脚，不那么春风得意了。但是，与其他只钻研于科学而"两耳不闻窗外事"的科学家不同，爱迪生具有一个好商人的几乎全部的优秀品质。还不到 10 岁的他就开始为父亲的买卖出主意。爱迪生一家在一处高地上居住，父亲建了一个瞭望台供游览的人们瞭望风景，每次收费两角五分钱。开始的日子里，来这里观望的人很多，有时一天达到 600 多人次，小爱迪生也帮忙照顾生意。日子久了，来这里观光的人越来越少了，生意开始不景气起来，这时爱迪生提醒父亲是否价格太高了，父亲觉得有道理，就将价格调到了每人每次一角钱，可是生意还是没有好转。后来爱迪生又建议父亲不如设置一架望远镜在上面，父亲夸奖儿子这是个好主意，然而这也没有扭转他们的小生意。尽管这个瞭望台没有使爱迪生的生意才能得到充分的肯定，但是这已足以看出小小年纪的爱迪生所具备的商业头脑。后来 10 岁的爱迪生开始卖蔬菜赚钱，他卖的菜既便宜又讲究诚信，不好的蔬菜他从来不出售，没过多久，他就赚到了不小的一笔钱。即使在后来已经开始了发明之路的他，为了筹集实验资金，依旧选择了卖菜来赚得实验费用的办法。12 岁的爱迪生找到了一份在火车上的工作，他在火车上高价卖出低价买进的餐饮，生意很是红火。在此期间，他还创办了他的第一份刊物《先锋报》，并在火车上进行发售。当然，他也没有忘了他的实验，他在行李车厢建立他的实验室，也因为实验所造成的爆炸，被一位列车工作人员用力拉扯耳朵而造成了失聪。然而机缘巧合的是，这位有听力障碍的人，正是第一个将人类声音记录下来的人，他发明了留声机，这也是他这一生比较得意的发明。人的一生有很多层面，只在一个层面上奋斗那不是完整的人生，爱迪生给我们做了一个很好的榜样：既实现了人生的理想，造福了人类，又鼓了腰包，造福了自己。人的个人价值与社会价值的统一，在他的身上表现得淋漓尽致。

　　"一只蝴蝶在巴西轻拍翅膀，可以导致一个月后德克萨斯州的一场龙卷风。"正如美国气象学家爱德华·罗伦兹（Edward Lorenz）提出的经典理论——"蝴蝶效应"，在每一个人的生命历程中，都充满了无数类似的小的玄机开关，像是蝴蝶翅膀的一次轻拍，对于今后的人生旅程起着至关重要的意义。爱迪生童年时一次勇敢的善举，就是他成功历程的一次"翅膀的轻拍"。1862 年 8 月里的一天，爱迪生在经过火车道旁时，发现了一个在火车轨道上玩耍的男孩儿，由于过于专注居然没有注意到已经渐渐驶近的火车。当男孩儿发现火车开近时，脚却不慎被轨道卡住了。正在这千钧一发之际，爱迪生冒着生命危险跑了过去，将男孩儿救下。男孩儿的父亲想要好好报答这位救了自己儿子生命的孩子，虽然没有钱作为报答，但他愿意传授爱迪生电报技术。电报技术在当时是一门了不起的手艺，而电报员也是一份非常抢手的工作。1863 年，爱迪生就担任大干线铁路斯特拉福特枢纽站电信报务员。与别人不同，他并没有满足于这样一份安逸的工作而停下了脚步，他开始对电报机产

115

生了浓厚的兴趣。此后他改良了电报机，大大提高了发送电报的速率。他的发明被商人看中，买了他的技术，他得到了一笔钱。他用这笔钱建立了他自己的实验室，也从此开始了他的发明生涯。

从 1864 年至 1867 年，在中西部各地担任报务员，足迹所至，包括斯特拉福特、艾德里安、韦恩堡、印第安纳波利斯、辛辛那提、那什维尔、田纳西、孟斐斯、路易斯维尔、休伦等地。广博的见识也成了他宝贵的财富。1869 年，他在纽约与波普一起成立一个"波普——爱迪生公司"，专门经营电气工程的科学仪器。在这里，他发明了"爱迪生普用印刷机"。他把这台印刷机献给了华尔街一家大公司的经理，本想索价5000 美元，但又缺乏勇气说出口来。于是他让经理出个价钱，而经理却给了他 4 万美元。这样，爱迪生边筹集经费边搞他的发明创造。而这一切的开端，可以归结为那次见义勇为的善举：他因此学到了电报技术，得到了电报员的工作，也因此与"电"结下了不解之缘，开始了他这一生的精彩之旅。

没有人能将成功一锤定音，爱迪生也是一样。然而爱迪生用他极大的热情和不懈的努力尝试，终于创造发明了一项又一项的成果，造福了无数当代与后世的人们。爱迪生曾说，他永远不会发明一件对人类没有任何使用价值的东西。可以说他不但是个天才，而且是个活在现实世界里的天才。或者与其说他是个天才，不如说他是善于观察和发现生活的人。电灯是爱迪生的数千发明中最有名气的一个，也是最典型的爱迪生式的发明。1879 年 10 月 22 日，爱迪生点燃了第一盏真正有广泛实用价值的电灯，然而为了延长灯丝的寿命，他又重新试验。平日里遇到的任何一种材料都"难逃一劫"，每一种能够想到的材料都被他拿来试验了，甚至包括他用来解暑用的大蒲扇。直到大约试用了多达 6000 多种材料，爱迪生终于找到了新的发光体——日本竹丝。这种材料可在真空条件下持续发光 1000 多小时，达到了耐用的目的。然而，每一种材料都要做无数次的重复实验才可以确定是否排除，而 6000 多种材料需要多少次的实验与尝试？更令人肃然起敬的是，除了最后一次的成功，其他成千上万次的尝试全部都是失败的！有多少人能拥有这样毅力和坚韧的性格，在挫败中一次次地站起来，坚持不懈，直到成功！正是爱迪生这样的品质，决定了他的成功，也注定了他一生中无数的发明创造。毫不夸张地说，在现今世界，无论你身处何地，都逃脱不了爱迪生对于人类的巨大贡献与恩泽。几乎只要是有电的地方，就有他奋斗的足迹；只要文明尚存的地方，就有他留下的气息。当我们沐浴在现代文明的海洋里时，也请时刻铭记那些现代化背后的无数次尝试与人类奋斗不息的伟大品质。

117

相对论的创始人爱因斯坦的故事

　　1879 年 3 月 14 日，爱因斯坦出生于德国东部乌尔姆的一个犹太人家庭。父亲海尔曼·爱因斯坦很有数学天赋，但由于家里没钱供他上学，只好弃学经商。爱因斯坦的母亲保里诺·爱因斯坦是富有的粮商女儿，很有音乐天赋。所以爱因斯坦很小就开始学习音乐，六岁就开始拉小提琴。音乐几乎成了爱因斯坦的"第二职业"，小提琴也终身陪伴着他。

　　在爱因斯坦上学之前，他父亲给了他一个罗盘（指北针），罗盘的指针总要指着南北极，使小爱因斯坦研究和着迷了很久，直到成年，他都还记得当初对罗盘的着迷。另一次经历给他的印象也很深刻。在上学几年后，他领到一本欧几里得几何学课本，书中论证得无可置疑的许多公理，使他产生了强烈的好奇心，以至于无法按照课程进度学习，而是一口气就将它学完。

爱因斯坦和牛顿一样并不早慧，他 3 岁时还不会说话，在整个学习期间也无"神童"的表现，甚至在教师眼里显得平庸迟钝，他主要是对教师呆板的教学方法感到不满，而具有很强的独立自主、勤奋自学的探索能力。他在中学时代就自学了包括微积分在内的基础数学及某些理论物理知识，进入大学后，他经常缺课，独自修读了经典理论物理，研究了麦克斯韦电磁理论。爱因斯坦不拘成见、勇于创新、"怀疑一切"的信条始终贯穿他的整个科学生涯。当然，爱因斯坦的杰出科学成就来自于他坚持不懈的毅力。一次，有个青年人向爱因斯坦请教成功的秘诀，爱因斯坦给他写下了一个公式：A=X+Y+Z。他解释说，A 代表成功，X 代表你付出的努力和劳动，Y 代表你对所研究问题的兴趣，而 Z 表示少说空话，要谦虚谨慎。爱因斯坦有句名言："科学研究好像钻木板，有人喜欢钻薄的，而我喜欢钻厚的。"

爱因斯坦小时候是个十分贪玩的孩子。他的母亲常常为此忧心忡忡，母亲的再三告诫对他来讲如同耳边风。直到 16 岁的那年秋天，一天上午，父亲将正要去河边钓鱼的爱因斯坦拦住，并给他讲了一个故事，正是这个故事改变了爱因斯坦的一生。故事是这样的：爱因斯坦的父亲对爱因斯坦讲到："昨天，我和咱们的邻居杰克大叔清扫南边工厂的一个大烟囱。你杰克大叔在前面，我在后面。我们抓着扶手，一阶一阶地爬了

119

上去。下来时，你杰克大叔依旧走在前面，我还是跟在他的后面。后来，钻出烟囱，我发现一个奇怪的事情：你杰克大叔的后背、脸上全都被烟囱里的烟灰蹭黑了，而我身上竟连一点烟灰也没有。"爱因斯坦的父亲继续微笑着说："我看见你杰克大叔的模样，心想我肯定和他一样，脸脏得像个小丑，于是我就到附近的小河里去洗了又洗。而你杰克大叔呢，他看见我干干净净的，就以为他也和我一样干净，于是只草草地洗了洗手，就大模大样上街了。结果，街上的人还以为你杰克大叔是个疯子呢。"爱因斯坦听罢，忍不住和父亲一起大笑起来。父亲笑完，郑重地对他说："其实，别人谁也不能做你的镜子，只有自己才是自己的镜子。拿别人做镜子，白痴或许会把自己照成天才。"爱因斯坦听了，顿时满脸愧色。从此离开了那群顽皮的孩子。他时时用自己做镜子来审视和映照自己，终于映照出他生命的熠熠光辉。从此爱因斯坦明白了：有了正确的参照物，才会有正确的方向与行动，切忌盲目地与别人相比较。

1905 年，爱因斯坦大学毕业，没读博士也没从事学术工作。于是，他在瑞士专利局谋了一份临时工作。这一年，他利用余暇写成了四篇研究论文，发表在当时重要的物理刊物《物理学杂志》上。第一篇论证了光既具有粒子性又具有波动性，并解释了当固体受光照射而发射电子的光电效应。第二篇阐明了分子和原子的存在。第三篇引进了狭义相对论，表明时空不是绝对的。第四篇第一次表达了著名的质能公式：$E=mc^2$。这四篇论文是一位倾其一生从事研究的物理学家科研生涯中不可磨灭的成果。为此，许多科学史家把 1905 年称为奇迹年。

爱因斯坦在物理学的许多领域都有贡献，比如研究毛细现象、阐明布朗运动、建立狭义相对论并推广为广义相对论、提出光的量子概念并以量子理论圆满地解释光电效应、辐射过程、固体比热，发展了量子统计，并于 1921 年获诺贝尔物理学奖。

1955 年 4 月 18 日因主动脉瘤破裂逝世于普林斯顿。遵照他的遗嘱，不举行任何丧礼，不筑坟墓，不立纪念碑，骨灰撒在永远对人保密的地方，为的是不使任何地方成为圣地。

放射性元素的发现者居里夫人的故事

爱因斯坦在评价居里夫人一生的时候说："她一生中最伟大的功绩 ——证明放射性元素的存在并把它们分离出来——所以能够取得，不仅仅是靠大胆的直觉，而且也靠着难以想象的在极端困难的情况下工作的热忱和顽强的精神。这样的困难，在实验科学的历史中是罕见的。居里夫人的品德力量和热忱，哪怕只有一小部分存在于欧洲的知识分子中间，欧洲就会面临一个比较光明的未来。"

居里夫人在婚前姓名为曼娅·斯卡洛多斯卡，1867 年 11 月 7 日出生在波兰华沙的一个教师家庭。她是家中 5 个子女中最小的。她的父亲是一名收入十分有限的中学数理教师，妈妈也是中学教员。玛丽的童年是不幸的，她的生活中充满了艰辛。她的妈妈得了严重的传染病，是大姐照顾她长大的。后来，妈妈和大姐在她不满 10 岁时就相继病逝了。这样的生活环境不仅培养了她独立生活的能力，也使她从小就磨炼出了非常坚强的性格。

玛丽从小学习就非常勤奋刻苦，对学习有着强烈的兴趣和特殊的爱好，从不轻易放过任何学习的机会，处处表现出一种顽强的进取精神。从上小学开始，她每门功课都考第一。15 岁时，就以获得金奖章的优异成绩从中学毕业。由于家境贫寒，直到 24 岁她才来到巴黎大学理学院学习。入学两年后，她充满信心地参加了物理学学士学位考试，在 30 名应试者中，她考了第一名。第二年，她又以第二名的优异成绩，考取了数学学士学位。在此期间，她仍旧穿着破旧衣服，住着简陋小屋，用面包和茶水充饥。一次，她忘了吃饭晕倒在图书馆。忘记吃饭，对于玛丽来说已经成为司空见惯的事了。每晚离开图书馆回到自己的小屋里，在煤油灯下继续用功，一直到后半夜两点钟。当她躺在床上休息的时候，又被冻得不得不爬起来，把自己所有的衣服一件一件地全部穿上，再重新躺下。有时晚上冷得睡不着，就拉把椅子压在身上，以取得一点感觉上的温暖。艰苦的生活，刻苦的学习，弄得这位年轻的姑娘面色苍白、容颜憔悴。在索尔本学院的学位考试中，玛丽以优异的成绩获得了物理学硕士第一名。

1897 年，居里夫人选定了自己的研究课题——对放射性物质的研究。这个研究课题，把她带进了科学世界的新天地，最终完成了近代科学史上最重要的发现之一——发现了放射性元素镭，并奠定了现代放射化学的基础，为人类做出了伟大的贡献。

居里夫人对已知的化学元素和所有的化合物进行了全面的检查，发现一种叫做钍的元素也能自动发出看不见的射线，这说明元素能发出射线的现象绝不仅仅是铀的特性，而是有些元素的共同特性。她把这种现象称为放射性，把有这种性质的元素叫做放射性元素。它们放出的射线就叫放射线。她还根据实验结果预料：含有铀和钍的矿物一定有放射性；不含铀和钍的矿物质一定没有放射性。仪器检查完全验证了她的预测。在实验中，她发现一种沥青铀矿的放射性强度比预计的强度大得多。经过几个月的努力，他们从矿石中分离出了一种同铋混合在一起的物质，它的放射性强度远远超过铀，这就是后来被列在元素周期表上第 84 位的钋。几个月以后，他们又发现了另一种新元素，并把它取名为镭。但是，居里夫人发现原来所做的估计太乐观了。事实上，矿石中镭的含量还不到百万分之一。只是由于这种混合物的放射性极强，所以含有微量镭盐的物质表现出比铀要强几百倍的放射性。钋和镭的发现，动摇了几世纪以来的一些基本理论和基本概念。

居里夫人的大半生都是清贫的，提取镭的艰苦过程是在简陋的条件下完成的。但居里夫人拒绝为自己的任何发明申请专利，把诺贝尔奖金和其奖金都用到了以后的研究中去了。居里夫人发现镭以后，当百万法郎、灿灿的金质奖章向她微笑的时候；当成功、荣誉、祝贺像潮水般涌来的时候，她表现出了她的高贵品质：毫不夸耀，谦虚忘我！她认为："在科学上重要的是研究出来的'东西'，不是研究者'个人'。"她认为："不应该这样做。这是违背科学精神的。我不应当借此来谋利。"

巨额的诺贝尔奖金，对于一向清贫的居里夫人并没有什么吸引力，她把大量的奖金赠送给波兰的大学生、贫困的女友、实验室的助手、没有钱的女学生、教过她的老师、资助过她的亲属。许多朋友责怪她没有把这笔财产留给自己的孩子，而她给孩子们留下的却是那独立不羁的精神和鄙视功利的高尚品德。

居里夫人天下闻名，但她既不求名也不求利。她一生获得各种奖金 10 次，各种奖章 16 枚，各种名誉头衔 107 个，却全不在意。有一天，她的一位朋友来她家做客，忽然看见她的小女儿正在玩英国皇家学会刚刚颁发给她的金质奖章，于是惊讶地说："居里夫人，得到一枚英国皇家学会的奖章，是极高的荣誉，你怎么能给孩子玩呢？"居里夫人笑了笑说："我是想让孩子从小就知道，荣誉就像玩具，只能玩玩而已，绝不能看得太重，否则就将一事无成。"

出身贫寒的居里夫人教育女儿们将来必须自谋生路。居里夫人有几次可以给两个女儿谋到一大笔财产，但她没有这样做。她把经过几年辛苦分离出来的价值超过一百万金法郎的镭，毫不犹豫地赠给了实验室。

1937 年 7 月 14 日，居里夫人病逝了。她最后死于恶性贫血症。她一生创造、发展了放射科学，直至最后把生命贡献给了这门科学。

数学天才华罗庚的故事

　　在中国，有一位家喻户晓的数学家，他自学成才，名震海内外，被誉为数学天才，他就是华罗庚。华罗庚 1910 年 11 月 12 日生于江苏金坛，1930 年后在清华大学任教。1936 年赴英国剑桥大学访问、学习。1938 年回国后任西南联合大学教授。1946 年赴美国，任普林斯顿数学研究所研究员、普林斯顿大学和伊利诺斯大学教授，1950 年回国。历任清华大学教授，中国科学院数学研究所、应用数学研究所所长、名誉所长，中国数学学会理事长、名誉理事长，全国数学竞赛委员会主任，美国国家科学院国外院士，第三世界科学院院士，联邦德国巴伐利亚科学院院士，中国科学院物理学数学化学部副主任、副院长、主席团成员，中国科学技术大学数学系主任、副校长，中国科协副主席，国务院学位委员会委员等职。曾任一至六届全国人大常务委员会委员，六届全国政协副主席。曾被授予法国南锡大学、香港中文大学和美国伊利诺斯大学荣誉博士学位。主要从事解析数论、矩阵几何学、典型群、自守函数论、多复变函数论、偏微分方程、高维数值积分等领域的研究与教授工作，并取得了突出成就。20 世纪 40 年代，解决了高斯完整三角和的估计这一历史难题，得到了最佳误差阶估计（此结果在数论中有着广泛的应用）；对哈代与李特尔伍德关于华林问题及赖特关于塔里问题的结果作了重大的改进，至今仍是最佳纪录。从 20 世纪 60 年代开始，他把数学方法应用于实际，筛选出以提高工作效率为目标的优选法和统筹法，取得了显著的经济效益。

华罗庚 1910 年 11 月 12 日生于江苏金坛一个小商人家庭，父亲是开小杂货铺的，母亲是一位贤惠的家庭妇女。华罗庚一生下来就被装进一个箩筐里，顶上又盖一只箩筐，老人说这样可避邪消灾，所以给孩子起名为"罗庚"，很有些吉祥如意的意思。他 1924 年在金坛中学毕业，但因家境不好，读完初中后，无力进入高中学习，只好到黄炎培在上海创办的中华职业学校学习会计。不到一年，由于生活费用昂贵，被迫中途辍学，回到金坛帮助父亲料理杂货铺。故一生只有初中文凭。此后，他开始顽强自学，每天达 10 个小时以上。他用 5 年时间学完了高中和大学低年级的全部数学课程。1928 年，他不幸感染伤寒病，性命虽得以挽回，却落下左腿残疾。20 岁时，他以一篇论文轰动数学界，被清华大学请去工作。华罗庚在清华大学一面工作一面学习，他用了两年的时间走完了一般人需要八年才能走完的道路。从 1939 年到 1941 年，他在极端困难的条件下，写了 20 多篇论文，完成了他的第一部数学专著《堆垒素数论》。《堆垒素数论》后来成为数学经典名著，1947年在前苏联出版俄文版，又先后在各国被翻译出版了德文、英文、匈牙利文版。

其实华罗庚读初中时，一度功课并不好，常常逃学去看社戏。他念初中一年级的时候，有一次考数学，他因为想早点交卷出去玩，试卷写得很潦草，所以那次数学考试他不及格。那时在金坛中学任教的华罗庚的数学老师，我国著名教育家、翻译家王维克发现华罗庚虽贪玩，但思维敏捷，数学习题往往改了又改，解题方法十分独特别致。有很多老师并不赞同他的想法，但是王维克始终坚持自己的想法，还激动地说："要知道金子被埋在沙里的时候，粗看起来和沙子并没有什么两样，我们当教书匠的一双眼睛，最需要有沙里淘金的本领，否则就会埋没人才。"

华罗庚是中国解析数论、矩阵几何学、典型群、自安函数论等多方面研究的创始人和开拓者。在国际上以华氏命名的数学科研成果就有"华氏定理"、"怀依—华不等式"、"华氏不等式"、"普劳威尔—加当华定理"、"华氏算子"、"华—王方法"等。著有《堆垒素数论》、《典型域上的多元复变数函数论》等专著 10 部，学术论文 200 余篇，科普作品《优选法评话及其补充》、《统筹法评话及补充》等，辑为《华罗庚科普著作选集》。其中 8 部专著被国外翻译出版，列为本世纪数学经典著作。他也被人们看做是一位数学天才。

华罗庚虽然聪明过人，但从不提及自己的天分。早在 20 世纪 80 年代，他就提出"天才在于积累，聪明在于勤奋"，而把比聪明重要得多的"勤奋"与"积累"作为成功的钥匙，他生前时常勉励年轻人学习、读书要有一个"从薄到厚，再从厚到薄"的过程，要注重打基础，而他本人在青年时代求学期间也是这样做的。20 世纪 50 年代中期，华罗庚及时提出做学问："要有速度，还要有加速度。"所谓"速度"就是要出成果，所谓"加速度"就是成果的质量要不断提高。

1981 年，在淮南煤矿的一次演讲中，华罗庚指出："观棋不语非君子，互相帮助；落子有悔大丈夫，改正缺点。"意思是当你见到别人搞的东西有毛病时，一定要说，另一方面，当你发现自己搞的东西有毛病时，一定要修正。这才是"君子"与"丈夫"。针对一些人遇到困难就退缩，缺乏坚持到底的精神，华罗庚在给金坛中学的条幅中写道："人说不到黄河心不死，我说到了黄河心更坚。"

华罗庚的名字为科技爱好者所熟悉，他写的课外读物曾是中学生们打开数学殿堂的神奇钥匙，他自学成才的故事则鼓舞了无数有志青年勇攀科学高峰。在中国的广袤大地上，到处都留有他推广优选法与统筹法的艰辛足迹。这位"人民的数学家",为他钟爱的数学事业奉献了毕生的精力与汗水。

晚年的华罗庚不顾年老体衰,仍然奔波在建设第一线。1985 年 6 月 12 日,他在日本东京作学术报告时,因心脏病突发不幸逝世,享年 74 岁。

哥德巴赫猜想的第一人陈景润的故事

陈景润 1933 年 5 月 22 日生于福建闽侯一个小职员的家庭里，家境贫寒，父亲希望这个孩子的降生能给家中带来滋润的日子，因此给他起了个吉利的名字。陈景润从小学习刻苦，对数学情有独钟。他不善言辞，为人真诚和善，从不计较个人得失，把毕生经历都献给了数学事业。高中没毕业就以同等学力考入厦门大学。1953 年毕业于厦门大学数学系。1957 年进入中国科学院数学研究所并在华罗庚教授指导下从事数论方面的研究。历任中国科学院数学研究所研究员、学术委员会委员兼贵阳民族学院、河南大学、青岛大学、华中工学院、福建师范大学等校教授，国家科委数学学科组成员，《数学季刊》主编等职。主要从事解析数论方面的研究，并在哥德巴赫猜想研究方面取得国际领先的成果。

他在 20 世纪 50 年代即对高斯圆内格点问题、球内格点问题、塔里问题与华林问题的以往结果，作出了重要改进。20世纪 60 年代后，他又对筛法及其有关重要问题，进行了广泛深入地研究。

1966 年蜗居于 6 平方米小屋的陈景润，借一盏昏暗的煤油灯，伏在床板上，用一支笔，耗去了几麻袋的草稿纸，居然攻克了世界著名数学难题"哥德巴赫猜想"中的"1+2"问题，使他在哥德巴赫猜想的研究上居世界领先地位。这一结果被国际上誉为"陈氏定理"，受到广泛征引。这项工作还使他与王元、潘承洞在 1978 年共同获得了中国自然科学奖一等奖。他研究哥德巴赫猜想和其他数论问题的成就，至今仍然在世界上遥遥领先。

中国人运用新的方法，打开了"哥德巴赫猜想"的奥秘之门，摘取了此项桂冠，为世人所瞩目。这个人就是世界上攻克"哥德巴赫猜想"的第一个人——陈景润。由新中国培养起来的第一代数学家，堪称时代的楷模，世纪的丰碑。世界级的数学大师、美国学者阿·威尔曾这样称赞他："陈景润的每一项工作，都好像是在喜马拉雅山山巅上行走。"

陈景润除攻克这一难题外，又把组合数学与现代经济管理、尖端技术和人类密切关系等方面进行了深入的研究和探讨。他先后在国内外报刊上发明了科学论文 70 余篇，并有《数学趣味谈》、《组合数学》等著作。正因为陈景润具有勇攀科学高峰的雄心壮志和刻苦钻研的精神，他少年时代的梦想终于变成了现实，他像一颗璀璨的明星，升上了数学王国的天空。

陈景润日日钻研的枯燥数学公式，在徐迟笔下，成了"空谷幽兰、高寒杜鹃、老林中的人参、冰山上的雪莲、绝顶上的灵芝、抽象思维的牡丹"等等，一连串排山倒海似的比喻把数学公式变成抒情诗。研究者本人也被浪漫化甚至传奇化。但事实并非如此，他生活窘迫，几近潦倒，为了节约生活费，陈景润平时甚至不吃菜，只用酱油泡水喝。

1984 年 4 月 27 日，陈景润在横过马路时，被一辆急驶而来的自行车撞倒，后脑着地，酿成意外的重伤。雪上加霜，身体本来就不大好的陈景润，受到了几乎致命的创伤。不久，诱发了帕金森氏综合症。1996 年 3 月 19 日，著名数学家陈景润因病长期住院，经抢救无效逝世，终年 63 岁。

坐在轮椅上"跳舞"的人霍金的故事

135

　　霍金教授是当代享有盛誉的伟人之一，被称为在世的最伟大的科学家，当今的爱因斯坦。他在统一 20 世纪物理学的两大基础理论——爱因斯坦的相对论和普朗克的量子论方面走出了重要的一步。1989 年获得英国爵士荣誉称号。他是英国皇家学会学员和美国科学院外籍院士。霍金的魅力不仅在于他是一个充满传奇色彩的物理天才，也因为他是一个令人折服的生活强者。他不断求索的科学精神和勇敢顽强的人格力量深深地吸引了每一个知道他的人。霍金于 1942 年 1 月 8 日生于牛津，那一天刚好是伽利略逝世 300 年。可能因为他出生在第二次世界大战的时代，所以小时候对模型特别着迷。他十几岁时不但喜欢做模型飞机和轮船，还和学友制作了很多不同种类的战争游戏，反映出他研究和操控事物的渴望。这种渴望驱使他攻读博士学位，并在黑洞和宇宙论的研究上获得重大成就。

霍金小时候的学习能力似乎并不强，他很晚才学会阅读，上学后在班级里的成绩从来没有进过前 10 名，而且因为作业总是"很不整洁"，老师们觉得他已经"无可救药"了，同学们也把他当成了嘲弄的对象。在霍金 12 岁时，班上有两个男孩子用一袋糖果打赌，说他永远不能成材，同学们还带有讽刺意味地给他起了个外号叫"爱因斯坦"。谁知，20 多年后，当年毫不出众的小男孩真的成了物理界的一位大师级人物。

霍金和他的妹妹在伦敦附近的几个小镇度过了自己的童年。不过霍金一家在古板保守的小镇上的确显得与众不同。霍金的父母都受过正规的大学教育。他的父亲是一位从事热带病研究的医学家，母亲则从事过许多职业。

霍金热衷于搞清楚一切事情的来龙去脉，因此，当他看到一件新奇的东西时，总喜欢把它拆开，把每个零件的结构都弄个明白，不过他往往很难再把它装回原样，因为他的手脚远不如头脑那样灵活，甚至写出来的字在班上也是有名的潦草。

霍金在 17 岁时进入牛津大学学习物理。他仍旧不是一个用功的学生，觉得没有任何值得努力追求的东西。霍金在学校里与同学们一同游荡、喝酒、参加赛船俱乐部，如果事情这样发展下去，那么他很可能成为一个庸庸碌碌的职员或教师。然而，病魔出现了。1962 年霍金在剑桥读研究生后，他的母亲才注意到儿子的异常状况。刚过完 21 岁生日的霍金在医院里住了两个星期，经过各种各样的检查，他被确诊患上了"卢伽雷氏症"，即运动神经细胞萎缩症。大夫对他说，他的身体会越来越不听使唤，只有心脏、肺和大脑还能运转，到最后，心和肺也会失效。霍金被"宣判"只剩下两年的生命。那是在1963年。

1970年，在学术上声誉日隆的霍金已无法自己走动，他开始使用轮椅。直到今天，他也没有离开它。永远坐进轮椅的霍金，极其顽强地工作和生活着。

1972-1975年，他先后在剑桥大学天文研究所、应用数学和理论物理学部进行研究工作，1975-1977年任重力物理学高级讲师，1977-1979年任教授，1979年起任卢卡斯讲座数学教授。其间，1974年当选为皇家学会最年轻的会员。1974-1975年为美国加利福尼亚理工学院费尔柴尔德讲座功勋学者。1978年获世界理论物理研究的最高奖爱因斯坦奖。霍金的成名始于对黑洞的研究成果，并在爱因斯坦之后融合了20世纪另一个伟大理论——量子理论。他认为，宇宙是有限的，但无法找到边际，这如同地球表面有限但无法找到边际一样；时间也是有开始的，大约始于150亿到200亿年前。1988年获沃尔夫物理学奖。

1985年，霍金动了一次穿气管手术，从此完全失去了说话的能力。他就是在这样的情况下，极其艰难地写出了著名的《时间简史》，探索着宇宙的起源。霍金取得了巨大成功。霍金教授是现代科普小说家，他的代表作是 1988 年撰写的《时间简史》，这是一篇优秀的天文科普小说。作者想象丰富，构思奇妙，语言优美，字字珠玑，更让人吃惊，世界之外，未来之变，是这样的神奇和美妙。这本书至今累计发行量已达 2500 多万册，被译成近 40 种语言。1992 年耗资 350 万英镑的同名电影问世。

霍金一生贡献于理论物理学的研究，被誉为当今最杰出的科学家之一。他的著作包括《时间简史》及《黑洞与婴儿宇宙以及相关文章》。虽然大家都觉得他非常不幸，但他在科学上的成就却是在他病发后获得的。他凭着坚毅不屈的意志，战胜了疾病，创造了一个奇迹，也证明了残疾并非成功的障碍。他对生命的热爱和对科学研究的热诚，是值得年轻一代学习的。

人文巨匠达·芬奇的故事

　　达·芬奇是意大利文艺复兴时期第一位画家，也是整个欧洲文艺复兴时期最杰出的代表人物之一。他是一位思想深邃、学识渊博、多才多艺的艺术大师、科学巨匠、文艺理论家、大哲学家、诗人、音乐家、工程师和发明家。他在几乎每个领域都做出了巨大的贡献。后代的学者称他是"文艺复兴时代最完美的代表"，是"第一流的学者"，是一位"旷世奇才"。所有的以及更多的赞誉他都当之无愧。

　　达·芬奇的全名是莱昂纳多·达·芬奇，他于1452年出生于意大利佛罗伦萨附近的芬奇小镇，后来他由此取名芬奇。关于他的身世，流传着许多种说法。但据史家考证，莱昂纳多·达·芬奇是农家女卡特利娜和律师兼地主塞·皮埃罗的私生子。

　　达·芬奇接连在佛罗伦萨、米兰与罗马宫廷服务，1519年死于法国。那时他是弗朗西斯一世的臣仆和朋友。幼年时他已经表现同异常的才智，使他的同辈与后辈都觉得他的确是一个出类拔萃的人物。他高尚的人格，优雅的态度，更是锦上添花，增进了他的思想与品格的力量。他对各种知识无不研究，对于各种艺术无不擅长。他是画家、雕塑家、工程师、建筑师、物理学家、生物学家、哲学家，而且在每一学科里他都登峰造极。在世界历史上可能没有人有过这样的纪录。他的成就虽已非常，但与他所开拓的新领域，他对于基本原理的把握，以及他对每一学科中的真正研究方法的洞察力比起来，就微不足道了。如果说彼特拉克是文艺复兴时代文学方面的先驱，莱昂纳多就是其他部门的开路先锋。他和许多文艺复兴时代的人不同，既不是经院的哲学家，也不是古典作家的盲目信徒。在他看来，对于自然界的观察与实验，是科学的独一无二的真方法。

达·芬奇富有幽默感、哲思和同情心，对旅行和自由充满渴求，这些都可以通过记载的史实得以验证。每当经过贩售笼中鸟的市场时，他都会不假思索地买下来，然后把小鸟放飞。达·芬奇还是一个技艺精湛的骑师，他一生中与马有着不解之缘。在训练马匹的时候，达·芬奇非常友好且有耐心。达·芬奇一生完成的绘画作品并不多，但件件都是不朽之作。其作品具有明显的个人风格，并善于将艺术创作和科学探讨结合起来，这在世界美术史上是独一无二的。学术界一般将其创作活动分为早期和盛期两个阶段。

他自幼年开始就兴趣广泛，努力学习绘画艺术、文学与自然科学技术等很多方面的知识。他鼓励人们向大自然学习。他认为"自然是一切教师的教师"，只有依靠直接的观察和实验，积极进行实践，才能获得正确的认识。他强调，"实践应以好的理论为基础"，而"理论脱离实践是最大的不幸"。同时指出，"真理只有一个，它不是在宗教之中，而是在科学之中"。达·芬奇的最大特点就是怀着永无休止的探索精神，孜孜不倦地研究自然和人生中的一切奥秘，最终成为闻名遐迩、永垂青史的大学者。

达·芬奇给人类留下了丰厚的精神财富。除了大量宝贵的艺术作品外，还留下了 7000 多页未经系统整理的手稿。如建筑设计、人体解剖、几何图、机械图乃至各种植物的叶子与花朵等。为了避免教会的迫害，这些手稿是达·芬奇用左手自右而左反写出来的，后人必须借助镜子的反射，才能辨认出其中的内容。后人根据这一手稿，已经整理出版了四部书，即《水的流动与测量》、《鸟的飞翔》、《生理解剖学》和《论绘画》。从中可见他的智慧和能力。

在艺术创作上，达·芬奇被称为世界画坛的一代宗师。他善于选择贴近现实社会生活与抒发完美理想的题材，善于运用光学与透视学的方法来描绘具体的场景和人物。他发明的明暗转移法更使画面具有丰富的层次感与凹凸感，留下了许多艺术精品和旷世奇作。还有些作品至今还是未解的谜团，引起了很多学者的关注。达·芬奇的名画《蒙娜丽莎》令世人为之倾倒，最主要的原因就是蒙娜丽莎的神秘微笑。五百年来，人们试图破译这一"密码"。种种猜想由此先后面世。

142

1.自画像说　有人认为《蒙娜丽莎》是达·芬奇的自画像，怪异的大师为自己欺骗了世人而得意，故笑容如此诡秘。后人曾对达·芬奇自画像的面部线条与画中人的面部线条进行了研究，发现二者的线条非常相似，眼睛、发际线与鼻子等轮廓竟然完全重合，由此认为这是达·芬奇的自画像。至于达·芬奇为什么要把自己画成女性形象，一种解释是他用这种方式隐晦地挑战以基督教为代表的西方男性霸权；还有一种说法是认为这是他"恋母"的一个体现。此外，还有人从语言学的角度进行了分析。古埃及的生殖男神叫 Amon，生殖女神叫 Lisa。将前者的字母排列稍加变化并与后者合在一起，就变成了 Mona Lisa。这样，蒙娜丽莎就成了一个雌雄合体，男人和女人平等地融合在一起。

2.脊背说　1993 年，加拿大美术史家苏珊·吉鲁公布了一项令人震惊的研究成果。她的研究表明，蒙娜丽莎那倾倒无数男人的口唇，只是一个健壮男子裸露的脊背！尽管这一论断既新鲜又荒诞，然而它的论证是有力的。就像阅读大师的文字需要借助镜子的帮助一样，借助镜子亦不失为欣赏其画作的一种方法：旋转 90 度后从镜中看蒙娜丽莎抿着的笑唇，恰好是一个背部线条分明的结实男性脊背以及左臂和肘部的一角！此外，表现人体美和对人性的呼唤，既是大师的人生哲学，又是他的艺术观。

3.逗笑说 在关于《蒙娜丽莎》的讨论中，一种说法认为其原型是佛罗伦萨著名银行家佐贡多的妻子丽莎·迪·格拉尔蒂尼。据说，天性冷漠、极少笑脸的格拉尔蒂尼生于 1479 年，在达·芬奇绘制这幅画时，她刚刚 24 岁。在长达 4 年的创作中，大师竭尽全力捕捉她的笑容。为了唤起她发自内心的情感，大师曾经请钢琴师为她演奏，让丑角为她表演。由此，她的微笑是由乐师和小丑的表演所引发的。

4.恋笑说 据说，一日，达·芬奇走在佛罗伦萨街头，被一个陌生女子的微笑深深吸引，于是，他把那个女子带回自己的画室，用绘画的技巧，力图使那一刻的记忆变成美学的永久思考。精神分析学鼻祖弗洛伊德指出："莱昂纳多·达·芬奇很可能被蒙娜丽莎的微笑迷住了，因为这个微笑唤醒了他心中长久以来沉睡着的东西——很可能是往日的一个记忆。这个记忆一经再现，就不能再被忘却，因为对他来说实在太重要了。他必须不断地赋予它新的表现方式。"关于"蒙娜丽莎"的微笑，还有"斯福尔扎说"、"恋情说"等多种说法，不一而足。此外，随着现代科技的发达，许多研究者试图用"科学"的办法解读蒙娜丽莎的神秘微笑。阿姆斯特丹大学和伊利诺伊斯大学的研究者用人脸识别的技术对这一名画进行检测，发现她的微笑中83%是喜悦，9%是厌恶，6%是恐惧，还有2%是愤怒。

作为肖像画，《蒙娜丽莎》的诞生，使得之前和之后的所有肖像画都黯然失色。在与大师同时代的人看来，达·芬奇就像一位充满传奇色彩的魔术师，有万能天才的美誉。在现代人眼中，令人惊异的是，他仅用十二幅完整的作品就奠定了他作为有史以来最伟大画家的地位。

在自然科学领域，达·芬奇的科学视野与知识水平已经超越了他的时代，其中有着诸多的天才预见和发明。在医学方面，他熟悉人体解剖知识，发现了血液对人体所发挥的新陈代谢的作用，对血液循环有了朦胧的认识，认为动脉硬化源于缺乏运动，被后人看做是近代生理解剖学的始祖。在数理化方面，他被公认为是加（+）、减（-）符号的首先使用者，是立体几何学中关于正六面体、球体和柱体面积之间关系方面的规律发现者。在物理学上，他预示了惯性原理，发展了杠杆原理并丰富了阿基米德的液体压力的概念。他还研究到空气的波动和声音的传递。对有关物质的原子原理，他也有科学的预见。在光学上，他还设计过人造眼球、望远镜等。达·芬奇还亲自做过化学实验，留下了一些相关的简单记录和化学仪器的构图。在生物学上，达·芬奇提出了"人和动物大同小异"的见解，并探讨过许多植物的生长过程及其规律。在天文学上，他曾经指出地球不是太阳系的中心，更不是宇宙的中心，而是一颗以椭圆形的轨道绕太阳运动的行星，太阳本身是不动的。而哥白尼的"太阳中心"说则是在达·芬奇去世后24年才发表的。在机械学方面,他在研究了当时的劳动工具后,设计了印刷机、织布机、纺纱机、剪毛机、抽水机、挖土机、起重机等。在水利工程上,达·芬奇设计过开凿运河、修改河道与建造水库、水闸等,并曾经在米兰主持过运河灌溉工程的施工。在建筑工程上,他留下了大量有关城市的桥梁、下水道、教堂、剧场、街道、房屋的设计图案,由他设计并监造的米兰的护城河,至今仍为专家所称道。达·芬奇在军事科学方面的成就更是惊人。有学者推断出他的成就已经达到第二次世界大战时的水平。据说他还是飞行器发明的先驱者,设计过各种飞行器械。还有人说他甚至还计划建造大的巡洋潜水艇,只因担心这一秘密泄露会使某些邪恶之人用来在海底作恶,才将此计划毁掉了。

曾有艺术评论家说:只有一个达·芬奇走在时代之前,他是精湛博学的天才,永不满足的探险家,他思索的触角远远超越了他的时代,穿越层层时空,与我们的今世相会合。

纵观达·芬奇的一生,他孜孜不倦地将人文主义精神贯穿于诸多知识领域的探索之中,把艺术和科学、理智和感情、形体和精神熔于一炉,将艺术创作推进到一个前所未有的高度,同时在自然科学方面作出了巨大贡献。正因为如此,恩格斯评价他"不仅是大画家,而且也是大数学家、力学家和工程师",将他列为文艺复兴时代的第一位"巨人"。达·芬奇的一生也清晰地展示了，正是从封建制度向资本主义的社会转型，为他这类文化"巨匠"的产生提供了广阔的历史舞台，而这样一批文化"巨匠"则反过来又为当时新旧交替的时代变革，开拓出新的知识领域，提供了新的精神食粮。因为他是一个令人折服的生活强者。他有着不断求索的科学精神和勇敢顽强的人格。

失聪的乐圣贝多芬的故事

　　贝多芬出生于德国波恩的平民家庭，父亲是该地宫廷唱诗班的男高音歌手，喜怒无常、嗜酒如命；母亲是一个女仆，心地善良、性情温柔。艰辛的生活剥夺了贝多芬上学的权利，自幼跟从父亲学习音乐。很早就显露出了音乐才能，这使他的父亲产生了要他成为音乐神童的愿望，成为他的摇钱树。为了使他看上去像一个神童，父亲谎报了他的年龄，在他八岁时，把他带出去当做六岁的孩子开音乐会。尽管费了很多心思，老贝多芬始终没有能够把他的儿子造就成另一个年轻的莫扎特。1792 年贝多芬到维也纳深造，艺术上进步飞快。贝多芬信仰共和，崇尚英雄，创作了有大量充满时代气息的优秀作品，如：交响曲《英雄》、《命运》；序曲《哀格蒙特》；钢琴奏鸣曲《悲怆》、《月光曲》、《暴风雨》、《热情》等等。贝多芬一生坎坷，没有建立家庭。26 岁时开始耳聋，晚年全聋，只能通过谈话册与人交谈。但孤寂的生活并没有使他沉默和隐退，他依然坚守"自由、平等、博爱"的政治信念，他写下了不朽的名作《第九交响曲》。他开辟了浪漫时期音乐的道路，对世界音乐的发展有着举足轻重的作用，为人类留下了无价的音乐宝藏，因此，世人尊称他为"乐圣"。主要作品有交响曲九部（以第三《英雄》、第五《命运》、第六《田园》、第九《合唱》最为著名），歌剧《费黛里奥》等等。

　　贝多芬拜风琴师尼福为师，开始学习作曲。11 岁发表第一首作品《钢琴变奏曲》。13 岁参加宫廷乐队，任风琴师和钢琴师。1787 年到维也纳开始跟随莫扎特、海顿等人学习作曲。1800 年，在他首次获得胜利后，一个光明的前途在贝多芬的面前展开。可是三四年来，一件可怕的事情不停地折磨着他，贝多芬发现自己的耳朵变聋了。对于一个音乐家来说，没有比失聪更可怕的了。因而人们可以在他的早期钢琴奏鸣曲的慢板乐章中理解到他这种令人心碎的痛苦。1802 年前，贝多芬住在当时的避暑胜地海里根休养，曾经想要自杀，并留下著名的"海里根遗言"，但是贝多芬却没有死。一个人一旦决定死而复生，再生的意志便会变得非常坚定，如同脱胎换骨，重新做人一般。从此，贝多芬无时不充满着一颗火热的心。可是他是非常不幸的，他总是交替地经历着希望和热情、失望和反抗，这无疑成了他的灵感的源泉。他对艺术的爱和对生活的爱战胜了他个人的苦痛和绝望，苦难变成了他创作力量的源泉。在这样一个精神危机发展到顶峰的时候，他开始创作他乐观主义的《英雄交响曲》。《英雄交响曲》标志着贝多芬精神的转机。同时也标志着他创作"英雄年代"的开始。

他的九部交响曲在他的全部创作中占有极其独特的地位。这些交响曲可以比作一篇完整的大型交响叙事诗——描写英雄生活的长篇史诗。虽然没有故事情节借以联系起来，但它所揭示的是英雄的生活、活动和思想的各个方面，也是英雄所面临的一些最重要的生活问题，他的九部交响曲是世界文化遗产中最重要的一部分。

1823年，贝多芬完成了最后一部巨作《第九交响曲》（合唱）。这部作品创造了他理想中的世界。1827年3月26日，贝多芬因肝病咽下最后一口气。作曲家只在人世间停留了57年，一生完成了一百多部作品。在他临终前，突然风雪交加，雷声隆隆，似乎连上天也为这位伟大音乐家的去世而哀悼。这位世界上有史以来最伟大的作曲家的棺木从街道两旁站立的2.5万人中抬过，葬礼非常隆重。其中有著名的音乐家、艺术家、作家和诗人共30人，他们手持火炬，其中一个就是弗朗兹·舒伯特。

印象派大师莫奈的故事

　　克劳德·莫奈于 1840 年 2 月 14 日生于法国巴黎，恰巧与著名的法国雕塑艺术大师罗丹的出生年月日完全一致。印象画派代表人物。印象派运动可以看做是 19 世纪自然主义倾向的巅峰，也可以看做是现代艺术的起点。克劳德·莫奈的名字与印象派的历史密切相连。莫奈对这一艺术环境的形成和他描绘现实的新手法，比其他任何人贡献都多。从印象主义的产生、发展看，始作俑者非马奈莫属，但真正完全实现印象主义理念和技法并且一以贯之的当推莫奈。

　　父亲库路多·阿多洛夫·莫奈是一位杂货商，在法国北部港口阿弗尔与他的姐夫合伙经营着一家仪器店。莫奈出生后不久，全家迁往诺曼底。莫奈 5 岁时在当地就学，他将学校视同牢狱，在悬崖和海边嬉戏的时光多于听课，故此学习成绩不

佳，在班上总是排在倒数几名的位置上，这个孩子唯一的爱好就是绘画，他常常在笔记本上作素描，以老师和同学为对象画漫画，日积月累，倒也掌握了一些绘画技巧。不过，父母对此不赞成。小莫奈乐此不疲，加上与生俱来的禀赋，几年后，他的漫画居然开始在文具店里展出并且出售。15岁的时候，莫奈在当地已小有名气，他为自己作品开出的价格是每幅20法郎。

初从布丹学习，并受容金和柯罗的影响，后转向外光的描写。马奈和透纳的作品给了他很大的启发。莫奈的创作目的主要是探索表现大自然的方法，记录下瞬间的感觉印象和他所看到的充满生命力和运动的东西。曾长期探索光色与空气的表现效果，常在不同的时间和光线下，对同一对象连续作多幅描绘，从自然的光色变幻中抒发瞬间的感受。不注重对象的明晰的立体的形状。主要作品有《草地上的午餐》、《圣阿德列斯的阳台》、《花园里的女人们》、《日出·印象》、《巴黎圣拉查尔火车站》、《干草垛》和组画《睡莲》等。

1865-1870年是莫奈创作的早期。在这之前他已开始用印象主义特有的碎笔触作画，如《野餐》和《圣阿德列斯的阳台》。莫奈的创作目的主要是探索表现大自然的方法，记录下瞬间的感觉印象和他所看到的充满生命力和运动的东西。他把对象当做平面的色彩图案来画，而不注意其重量和体积。1868年与雷诺阿、布日瓦尔一起创作了第一批印象主义的作品，这些作品是用强烈的碎笔触描绘的室外光、运动和瞬间感觉。

1871 年冬天，他弄到了一艘小船，把它作为画室。不论阴晴寒暑，他都不在室内工作。塞纳河冻封了，他在冰上凿孔置放画架和小凳。手指冻僵了，就叫人送个暖水袋来。大西洋风势疾劲时，便把自己和画架缚在岩石上。他以刻苦的精神应付生命中的逆境。

152

1874 年莫奈展出《日出·印象》之后，批评家以"印象主义者的展览会"为题在报上评论这一运动，因而得名。其实这幅作品本不是莫奈画作中最典型的。

1889 年 6 月，为了纪念法国大革命一百周年，莫奈与罗丹两位大师举办了作品的联合展出，其中包括 1864–1889 年莫奈的作品 66 件，博得了好评。

进入 19 世纪 90 年代，莫奈创作了若干组作品，即"组画"。所谓的"组画"，就是画家在同一位置上，面对同一物象，在不同时间、不同的光照下所作的多幅画作。这是莫奈晚年作品中的一个特色。

1911 年 5 月，继 1879 年莫奈夫人卡缪去世后，他的第 2 位妻子阿里斯又先他而去。画家深陷于悲痛之中，视力也随之下降。1914 年，47 岁的长子在长期患病后不幸亡故，已是高龄的莫奈更是形单影孤。不久，由于白内障，画家几乎丧失了视力，9 月，被医生禁止作画。转年后，经过手术，视力有所恢复。晚年，他不顾眼疾继续探索大自然，主要作品有《圣阿德列斯的阳台》（1866）、《花园里的女人们》（1866—1867）、《河流》（1868）、《日出·印象》（1872）、《巴黎圣拉查尔火车站》（1877）、《干草垛》（1891）、《睡莲》（1906—1926）。

1925年，85岁的老画家独自一人，又投入了大型壁画的创作之中。在人们期待的目光里，这件足以反映出画家对光与色认识的深度，描绘技巧娴熟的大型壁画《睡莲》，已耗尽了他的全部心力。就在这件巨作完成的第2天——1926年2月6日，这位仅存的印象派大师永远地告别了人间。按照既定计划，《睡莲》被安置于卢浮宫旁、原法王亨利二世王后的土伊勒宫中橘园的圆形大厅，作为永久性陈列品。1927年建成的该厅，被誉为"印象派的西斯廷礼拜堂"。

153

他晚期的《睡莲》等作品已成为现代美术抽象风格源头之一。莫奈在绘画艺术上的卓越贡献，使他成为整个艺术史上最伟大的大师之一。

一只耳朵的画圣凡·高的故事

19 世纪伟大的艺术巨匠文森特·威廉·凡·高，1853 年 3 月
30 日出生在荷兰北部津德尔特的牧师家庭。在凡·高之前，有
一个和他同名的哥哥出生后夭折了，这件事成为凡·高心理上
的一个阴影，所以他自幼性格孤僻，缄默木讷而又腼腆羞怯。
4 年后，凡·高的弟弟提奥·凡·高出生，他是凡·高一生中最大
也是最坚定的支持者与崇拜者。凡·高早年经商，后热衷于宗
教，1880 年以后开始学习绘画。曾两次在咖啡馆和饭馆等劳
工阶层展出自己的作品。后来开始追求更有表现力的技巧。代
表作《向日葵》、《邮递员鲁兰》、《咖啡馆夜市》、《包扎着
耳朵的自画像》、《星光灿烂》、《凡·高在阿尔勒卧室》、《欧
韦的教堂》等，都包含着深刻的悲剧意识以及强烈的个性和形
式上的独特追求。他的作品当时虽很难被人接受，却对西方

20 世纪的艺术有着深远的影响。法国的野兽主义、德国的表现主义以及 20 世纪初出现的抒情抽象主义等，都从他的主体在创作过程中的作用、自由抒发内心感情、意识和把握形式的相对独立价值、在油画创作中吸收和撷取东方绘画因素等方面得到启发，形成了各自不同的绘画流派。他也被称为后印象派的三大巨匠之一。

小时候的凡·高不爱学习，但他很有语言天赋。他会说英语、德语、法语，还会用它们写信。再加上后来学习宗教时学的拉丁语和希腊语，还有母语荷兰语，他总共会六种语言。1861 年凡·高进入尊德特乡村小学读书。两年后，也就是 1866 年 9 月，凡·高结束了普罗维利私人寄宿学校的学习，进入蒂尔堡的威廉二世国王公立学校学习。1868 年，凡·高休学返回尊德特老家，之后再没有回去上学，这时的凡·高才 15 岁。

凡·高摒弃了一切后天习得的知识，漠视学院派珍视的教条，甚至忘记自己的理性。在他的眼中，只有生机盎然的自然景观，使他陶醉于其中，物我两忘。他视天地万物为不可分割的整体，他用全部身心，拥抱一切。

凡·高年轻时在画店里当店员，这算是他最早受的"艺术教育"。后因工作出色被转到伦敦分店工作。凡·高质朴、真诚、热情的性格，使别人都很喜欢他，他的前途似乎也是一片光明，因为他的伯伯是当时欧洲最大的画商之一，而他被认为是这位著名画商的理想继承人。凡·高在这段日子里通过工作，

155

学习了大量的艺术知识，也读了大量的文学作品，这使他在很年轻的时候就有了很高的艺术鉴赏力，这也为他日后成为一位杰出的艺术家打下了基础。后来到巴黎，和印象派画家相交，在色彩方面受到启发和熏陶。因此，人们称他为"后印象派"。他比印象派画家更彻底地学习了东方艺术中线条的表现力，他很欣赏日本葛饰北斋的"浮世绘"。而在西方画家中，从精神上给他更大影响的则是伦勃朗、杜米埃和米莱。

凡·高生性善良，同情穷人，早年为了"抚慰世上一切不幸的人"，他曾自费到一个矿区里当教士，跟矿工一样吃最差的伙食，一起睡在地板上。矿坑爆炸时，他曾冒死救出一个重伤的矿工。他的这种过分认真的牺牲精神引起了教会的不安，终于把他撤了职。这样，他才又回到绘画事业上来，受到他的表兄以及当时荷兰一些画家短时间的指导，并与巴黎新起的画家建立了友谊。

1888年初，35岁的凡·高厌倦了巴黎的城市生活，来到法国南部小城阿尔，寻找他向往的灿烂阳光和无垠的农田。他租下了"黄房子"，准备建立"画家之家"，又称"南方画室"。这时，他的创作真正进入了高潮。《向日葵》、《夜间咖啡座——室外》、《夜间咖啡座——室内》、《收获景象》、《海滨渔船》就是这一时期的代表作品。但他依然只能靠弟弟提奥的资助生活。

同年12月，凡·高因精神失常。割下了自己的一只耳朵。

他的病情时好时坏，1889 年夏天，到圣雷米精神病院休养。后来因病情复发，于 1888 年 7 月 27 日开枪自杀，29 日清晨离世。

凡·高一生共创作了 800 多幅作品，但生前并未得到社会的真正承认。凡·高全部杰出的、富有独创性的作品，都是在他生命最后的 6 年中完成的。他最初的作品，情调常是低沉的，可是后来，他大量的作品变低沉为响亮和明朗，好像要用欢快的歌声来慰藉人世的苦难，以表达他强烈的理想和希望。一位英国评论家说："他用全部精力追求了一件世界上最简单、最普通的东西，这就是太阳。"他的画面上不单充满了阳光下的鲜艳色彩，而且不止一次地去描绘令人逼视的太阳本身，并且多次描绘向日葵。为了纪念他去世的表兄莫夫，他画了一幅阳光下《盛开的桃花》，并题写诗句说："只要活人还活着，死去的人总还是活着。"

他生前只卖出一幅画，售价为 4 英镑，所以一直过着贫苦的生活。而 100 年后凡·高的《向日葵》以 4200 万美元的价格售出。这是迄今为止艺术品的最高价格之一。凡·高已成为被人顶礼膜拜的伟大艺术家，一个异类，一个艺术史上永恒的天才和苦行僧。

第一代成功学大师卡耐基的故事

1880 年 11 月 24 日，戴尔·卡耐基诞生于密苏里州玛丽维尔附近的一个小镇。父亲经营一个小的农场。家里非常穷，吃不饱、穿不暖。由于营养不良，小卡耐基非常瘦小，却长着一对与头部不很相称的大耳朵。卡耐基上的小学校名很浪漫，叫玫瑰园，却非常简陋，只有一间教室。他在学校可不是一个听话的家伙，因为调皮捣蛋，搞恶作剧，他几次差一点被学校开除。他那双又宽又大的耳朵是同学们嘲弄的对象。有一次，班上一名叫山姆·怀特的大男孩与卡耐基发生了争吵，卡耐基说了几句很刻薄的话，怀特被激怒了，便恐吓道："总有一天，我要剪断你那双讨厌的大耳朵。"他吓坏了，几个晚上都不敢睡觉，害怕在自己进入梦乡以后被怀特剪掉了耳朵。当卡耐基成名以后，仍然没有忘记山姆·怀特。他归纳出了一番人生哲理："要想别人对你友善，要想与同事和睦地相处，处理好上下级关系，那就绝不能去触动别人心灵的伤疤。"卡耐基还发现，他具有与生俱来的忧郁性格。他曾向朋友倾诉：烦恼伴随着我的一生，我一直想弄明白自己的忧虑来自何处。有一天，他帮母亲摘取樱花的种子时，突然哭泣起来。母亲问："你为什么哭?"他边哭边答："我担心自己会不会像这种子一样，被活活埋在泥土里。"儿时的他，担惊受怕的事情真的不少：下雨时，担心会不会被雷打死；年景不好时担心以后有没有食物充饥；还担心死后会不会下地狱。稍大以后更加胡思乱想：想自己的衣着、举止会不会被女孩子取笑，担心没有女孩子愿意嫁给他。但后来他发现，曾经使他非常担心的那些事情，99%都没有发生。一个如此没有自信，几乎被各种各样莫名其妙的忧虑缠绕的小伙子，最终成为给别人自信、让人们乐观的心理激励大师，这中间需要经历多少磨砺，就可想而知了。

卡耐基 16 岁时，不得不在自家的农场里干更多的活。每天早晨，他骑马进城上学。放学后便急匆匆地骑马赶回家里，挤牛奶、修剪树木、收拾残汤剩饭喂　　猪……在学校里，瘦弱、苍白的卡耐基永远穿着一件破旧而不合身的夹克，一副失魂落魄的样子。有一次上数学课时，卡耐基被老师叫到黑板前解答问题。他刚走上讲台，就听见身后爆发出一阵哄堂大笑。下课后才明白同学们笑话他的原因。班上一名捣蛋鬼坐在他背后，在他的破夹克的裂缝处插了一朵玫瑰花，还在旁边贴了一

张字条，写着："我爱你，瑞德·杰克先生。"在英语中，瑞德·杰克与破夹克是谐音词。卡耐基非常难受。回家后他对母亲说："同学们老是笑话我穿的破衣服，我不能集中精力听课。"妈妈说道："你为什么不想办法让他们因佩服你而尊敬你呢？不必伤心，今年秋季，我一定给你买套新衣服。"卡耐基在童年时代受到他母亲很大影响。母亲生性乐观，百折不挠。一次大水灾，洪水冲垮了河堤，把农场的所有农作物冲得不见踪影。父亲用绝望的声音喊道："上帝，你为什么老是和我过不去？我什么时候才能走出困境！"而母亲却十分镇静，她哼唱着歌，将家园重新收拾好。母亲对卡耐基寄予厚望，一直鼓励他好好读书，希望他将来做一名传教士，或做一名教员。

1904 年，卡耐基高中毕业后就读于密苏里州华伦斯堡州立师范学院。这时，家里已把农场卖掉，迁到学院附近。卡耐基负担不起市镇上的生活费用，就住在家里，每天骑马到学校去上课。他是全校 600 名学生中五六个住不起市镇的学生之一。他虽然得到了全额奖学金，但还必须四处打工，以弥补学费的不足。卡耐基发现，学院辩论会及演说赛非常吸引人，优胜者的名字不但广为人知，而且还被视为学院的英雄人物。这是一个成名和成功的最好机会。

但他没有演说的天赋，参加了 12 次比赛，屡战屡败。三十年后，卡耐基谈及第一次演说失败时，还以半开玩笑的口吻说："是的，虽然我没有找出旧猎枪和与之相类似的致命东西来，但当时我的确想到过自杀……我那时才认识到自己是很差劲的……"经历失败后，卡耐基发奋振作，重新挑战自我。1906年，戴尔·卡耐基一篇以《童年的记忆》为题的演说，获得了勒伯第青年演说家奖。这是他第一次成功尝试，这份讲稿至今还保存在瓦伦斯堡州立师范学院的校志里。这次获胜，对他的一生产生了非同小可的影响。他在后来的回忆中不无自豪地说："我虽然经历了12次失败，但最后终于赢得了辩论比赛。更为激励我的是，我训练出来的男学生赢了公众演说赛，女学生也获得了朗读比赛的冠军。从那一天起，我就知道我该走怎样的路了……"

1908年，卡耐基仍旧很贫穷，但与两年前进入师范学院时已有天壤之别了。他成了全院的风云人物，在各种场合的演讲赛中大出风头。全院的师生对他刮目相看。但他并不满足于此，他开始走出学院去扩大自己演讲的影响了。现在每天都有大量的人在认真地探讨卡耐基的教学课程，但他们应该明白：卡耐基自己的经历就是一部活生生的教材。

卡耐基的主要代表作有：《语言的突破》、《人性的优点》、《人性的弱点》、《美好的人生》、《快乐的人生》、《伟大的人物》和《人性的光辉》。

华夏地质学的奠基人李四光的故事

李四光小时候经常和小伙伴们在一块在大草坪上玩捉迷藏的游戏。小朋友有的藏在草垛背后，有的藏在大树背后，而他最喜欢藏在一块大石头的背后。有一天，小四光突然想到，在平整的草坪上，这块凸起的大石头屹立在这儿，显得十分不相称。李四光去问村里见多识广的陈二爹草坪上的那块石头是从哪里来的？陈二爹告诉他听别人说，它是从天上掉下来的。

小四光更不明白了，就又去问爸爸："爸爸，陈二爹说草坪上那块石头是从天上掉下来的。您说是真的吗？""也有可能。天上的流星落到地上，就变成了石头，叫'陨石'。"

"真是从天上落下来的？""我也不能确定。"李四光感到很不满足，父亲又回答不了他，他就下决心，一定要当个科学家，探求其中的奥秘。

李四光从小上的是私塾，后来到武昌求学。他到武昌水陆街的湖北省学务处报名，小心谨慎地从钱袋里掏出一元钱买了张报名表。由于工作人员态度不好，弄得他很紧张，在填表时把自己的年龄（十四）填在了姓名栏里。填错了就得重新买一张报名表，对借钱来读书的李四光来之不易。他想了想决定把原名李仲揆改了，他把"十"改成了"李"，把"四"保留了下来。"李仲揆"变成了"李四"，他觉得太俗，这时他抬头看到大厅中央一块横匾上有四个大字："光被四表"，于是就在"李四"后面加了一个"光"字。

　　李四光童年的时候，家庭生活是非常艰苦的。一家数口仅靠父亲办私塾收缴学生的一点学费来勉强维持，如果遇上灾荒年，私塾的学生少了，就有断粮断炊的危险，不得已时也只好从当地的地主家里借粮。所以，李四光的母亲也经常纺线织布，换些零用钱。特别是李四光的父亲为人耿直，爱打抱不平，曾经因与黄冈的革命党人有来往被迫逃离家乡，去南京躲了一年多，家庭生活就更加艰难了。这一切，对童年的李四光影响很大。当他50多岁的时候，还不时想起幼年的苦难，深为自己的父母所忍受的种种苦楚而痛心。正是在这个家庭的影响下，李四光从小就养成了勤劳的习惯。他常常帮着妈妈打柴、舂米、推磨、扫地、提水、放羊、割草等，几乎样样事情都能干。

　　李四光以优异成绩考入武昌高等小学堂，没过几年，便被保送到日本留学。在学校，李四光学习刻苦，生活依旧清贫。每月收到的官费用于必需的开支后，已所剩无几。为了省钱，他常常把生米放进暖水瓶中，加上开水，浸泡一夜，第二天，就着咸菜一起吃下去。

李四光非常关心祖国的命运。经常步入留学生会馆听演讲、听报告，结识了许多民主革命家。他还剪掉自己的辫子，表示站在革命一边，拥护革命。1905 年 7 月，李四光终于在东京见到了他敬仰的伟大的民主革命先行者孙中山先生，并参加了孙中山领导的革命组织——"中国同盟会"的成立大会和宣誓仪式。孙中山曾亲切地摸着李四光的头说，你小小年纪就参加革命，很好，一定要"努力向学，蔚为国用"。当时，李四光年仅 16 岁。

1913 年 7 月，李四光去了英国伯明翰大学学习采矿专业，他想学成归国后把我国的铁矿开采出来，炼成钢，这样就有造船的材料了。可是一年后，他又决定改学地质，因为他觉得，如果不知道矿藏在哪里是不能开采的，还是不能达到目的。这样，学地质便成了他终生的选择。

新中国建立之后，李四光根据数十年来对地质力学的研究，从他建立的构造体系，特别是新华夏构造体系的特点，分析了我国的地质条件，说明中国的陆地一定有石油。毛泽东、周恩来在认真听取了汇报后，支持了他的观点，并根据他的建议，在松辽平原、华北平原开始了大规模的石油普查。从 20

世纪 50 年代后期至 60 年代，勘探部门相继找到了大庆油田、大港油田、胜利油田、华北油田等大型油田，在国家建设急需能源的时候，使滚滚石油冒了出来。这样，不仅摘掉了"中国贫油"的帽子，也使李四光独创的地质力学理论得到了最有力的证明。

李四光晚年极大地关注地震研究。他经常分析大量的观察资料，还冒着动脉瘤破裂的危险，多次深入实地考察地震的预兆。逝世的前一天，他还恳切地对医生说："只要再给我半年时间，地震预报的探索工作就会看到成果的。"

165

李四光把自己一生的辛勤劳动都献给了伟大的祖国和人民！

少年大志的新文学健将郭沫若的故事

郭沫若幼年入私塾读书，1906 年进入嘉定高等学堂学习，1914 年春赴日本留学，学习医学，后弃医从文。这个时期接触了泰戈尔、歌德、莎士比亚、惠特曼等外国作家的作品。

他于 1919 年开始发表新诗和小说。1920 年出版了与田汉、宗白华的通信合集《三叶集》。1921 年出版的诗集《女神》，以强烈的革命精神，鲜明的时代色彩，浪漫主义的艺术风格，豪放的自由诗，开创了一代诗风。同年夏天，与成仿吾、郁达夫等发起组织创造社。1923 年大学毕业后弃医回到上海，编辑《创造周报》等刊物。1924 年，通过翻译河上肇的《社会组织与社会革命》一书，较系统地了解了马克思主义。1926 年任广东大学（后改名中山大学）文科学长。7 月随军参加北伐战争，此后又参加了南昌起义，1929 年初参与倡导无产阶级革命文学运动，其间写有《漂流三部曲》等小说和《小品六章》等散文，作品中充满主观抒情的个性色彩。还出版有诗集《女神》、《长春集》、《星空》、《潮汐集》、《骆驼集》、《东风集》、《百花齐放》、《新华颂》、《迎春曲》等，并写有历史剧《屈原》、《虎符》、《棠棣之花》、《孔雀胆》、《南冠草》、《卓文君》、《王昭君》、《蔡文姬》、《武则天》、《聂莹》等，此外，还有历史小说、文学论文等作品。1928年起，郭沫若流亡日本达10年，其间运用历史唯物主义观点研究中国古代历史和古文字学，著有《中国古代社会研究》、《甲骨文字研究》等著作，成绩卓著，开辟了史学研究的新天地。

郭沫若从小很顽皮，但却才华横溢，4岁进私塾，7岁就能背诵《唐诗三百首》和《千家诗》，还会写诗和对对联。郭沫若在私塾念书的时候，发现私塾周围的桃子熟了，就和小朋友们一起爬进附近的寺庙里，专拣熟透的蜜桃摘了吃，不到半天工夫，庙里桃树上的甜桃几乎全部进了他们的肚里。老和尚大为生气，便跑去找私塾先生告状，先生痛感自己没有教育好学生，可是追问的结果，无一人承认，先生生气了，上课时口出上联，挖苦讽刺学生"昨日偷桃钻狗洞，不知是谁?"并且向学生声明："谁要对得好，可以免罚，不打板子。"学生们你瞧瞧我，我瞧瞧你，半天也没有一个敢回答的。先生明白郭沫若最顽皮，一定有他参加偷桃，所以决定叫他回答，也好罚他一下，警告他人。郭沫若无可奈何地站了起来，只思考了半分钟，便回答"他年攀桂步蟾宫，必定有我。"先生听了非常高兴，连声夸奖，心想：对句不凡，表现了强烈的进取精神，将来必定会出人头地，干出一番大事业，结果全体偷桃学生，一律免罚了。

记得有一次，先生在讲课时，郭沫若又在下面偷玩。先生不动声色，停止了讲课，把郭沫若叫到跟前，命令他背"三字经"与"百家姓"。郭沫若看了老师一眼，不慌不忙，一口气将两本书背完，这点叫先生着实吃了一惊。他发现郭沫若是一位过目不忘的奇才。晚上，他感慨地对郭沫若的父亲说："开贞真是一位奇才，长大后前途不可估量。"从此，先生更加疼爱郭沫若了。

此外，郭沫若在书法艺术方面同样成就璀璨，在现代书法史上占有重要地位。郭沫若以"回锋转向，逆入平出"为学书执笔 8 字要诀。其书体既重师承，又多创新，展现了大胆的创造精神和鲜活的时代特色，被世人誉为"郭体"。郭沫若以行草见长，笔力爽劲洒脱，运转变通，韵味无穷；其楷书作品虽然留存不多，却尤见功力，气贯笔端，形神兼备。郭沫若在书法艺术上的探索与实践历时 70 余年。青年郭沫若的书法就得到了社会的承认。沈尹默有诗评曰："郭公余事书千纸，虎卧龙腾自有神。意造妙掺无法法，东坡元是解书人。"

169

布衣学者张中行的故事

生日蜡烛后，驾鹤而去。"都市柴门"随之关闭，"布衣学者"就此远行。

张中行先生是真正学贯中西的大家，其对语言、文学、哲学、宗教、历史、戏剧、文物、书法……的学识之渊博，文化界早有公论。已故著名学者吴祖光曾经说："我那点儿学问纯粹是蒙事，张中行先生那才是真学问。"

对于张中行，季羡林曾评价他"学富五车，腹笥丰盈"，并用"高人、逸人、至人、超人"来形容这位老友。而张中行作为学者型散文家是在 80 岁左右的晚年才"暴得大名"，人称"文坛老旋风"，曾有人把他的《顺生论》誉为"当代中国的《论语》"。然而，除却学问与文采，张中行给同道、亲人、后辈留下印象最深的应是为人的坦诚，无论是对爱情、事业、生活还是社会，他总能坦然直言，从不保留，无怪至交启功定义他"既是哲人又是痴人"。

张中行是一匹老黑马，没有伯乐发现他。80岁时，适逢天时地利人和，他独自闯了出来，获得了"文学家"、"哲学家"、"杂家"、"教育家"等多顶桂冠。曾有好事者问先生最想要的是哪一顶，他说"思想家"！社会承认与否且不论，事实上自大学时代末期始，张中行便对哲学产生了浓厚兴趣。他说他的《民贵文辑》最能体现他的思想。"民贵"，取自孟子"民为贵，社稷次之，君为轻"。其哲学著作《顺生论》引人关注，被称为"当代中国的《论语》"，启功誉其为"整个一部《春秋繁露》"。

据张中行的女儿说，别人对父亲的称呼是"文学家"、"哲学家"，但父亲却说自己是思想家。"他很喜欢思考，他看待任何事情都是思辨的。"也正是因为这样，张中行认为，在自己的所有作品中，《顺生论》是他最费力气，也是最喜欢的一本。"这本书里，有他对人生的所有看法。"《流年碎影》是张中行的自传，他的女儿张文说，启功先生就曾经评价父亲的自传是"写思想的自传"。"启功先生说，别人的自传都是写事，但父亲的自传却写的是思想，这就是他和别人的不同。"可是，张先生却永远认为自己还太不够，他老是说："我这辈子学问太浅，让高明人笑话。"当别人摇头时，他便极认真地解释："可不是吗？要是王国维先生评为一级教授，那么二级没人能当之。勉强有几位能评上三级，也轮不上我。"

改革开放以后，随着中国社会的逐渐清明，已到古稀之年的张中行先生亦老树发新芽，开始了散文随笔的创作。这一写竟如大河开冻，滚滚滔滔，流出了以"负暄三话"为代表的上百万字的文章，一时举国上下，书店书摊，到处摆着张中行著作，国人争读，影响巨大。著名作家、藏书家姜德明先生说："张先生的代表作《负暄三话》对当代散文深有影响，扩大了散文天地，开阔了读者眼界，提高了人们的鉴赏和写作水平，是功不可没的，值得后人永远珍视。"北京文联研究部主任张恬女士评价："他的文人气质有承接传统的一面，但比起传统的学者散文，他却多了思考，且不乏真知灼见。他的离去，似乎结束了一个时代。"

在中国文化界，张中行先生被称为"布衣学者"。像张中行这样的国宝级国学大师，在中国是并不多见的，然而他始终把自己视为一介布衣。他出身农家，一生始终保持着平民知识分子本色，不贪热闹、不慕名利、不钻官场、不经营自己。他打从心底里把自己看得普普通通，自道"我乃街头巷尾的常人"。

张中行一生清贫，在85岁以前他一直居住在北大燕园，直到85岁时，才在北京祁家豁子华严里小区分到了一小套简朴的三居室。整个家没进行任何装修，白墙灰地，屋里除两个书柜半新着，旧书桌已旧成古董，破藤椅腿上打着绷带。无怪乎老人为自己的住所起了个雅号叫"都市柴门"。他的书房里书卷气袭人，桌上摊着文房四宝和片片稿纸，书橱内列着古玩，以石头居多。因而，张中行谦称书房像"仓库"。

张中行做人实在，也很节俭，大部分的钱都用来买书。一次一个晚辈给张中行送来一瓶"人头马"，偏偏他只认"二锅头"，将这瓶"贵客"丢在屋角。张中行看报纸上说"人头马"值一千八，想喝了吧，但一想到喝一两就相当于喝掉了180块钱，实在下不了口；送人吧，又怕背上巴结他人之嫌；卖了吧，拿晚辈的人情换钱，怕日后见面不好交代。这竟然成了张中行一件烦恼的事。文物史家史树青格外推崇张中行的为人说："他是一个真正的知识分子，一生低调处事，淡泊为人。"不事宣扬，崇尚容忍是大多数人对张中行的最深印象。张中行曾说："对不同意见，我一是尊重，二是欢迎，三是未必接受，四是绝不争论。"在与杨沫长达半个世纪的恩怨情仇里，无论外界如何众说纷纭，张中行始终沉默以待，让人们看到了他的广阔胸襟。

大概正因为如此，张中行有着很多崇拜者，后来竟成为了他的挚友。中国人民解放军总参谋部兵种部原政委田永清将军说："在十几年的交往中，知识渊博、人品高尚的张老给了我极多的教益。我感到现在有些人是有知识没文化更缺乏道德，而张老身上处处体现着中国传统知识分子的美德。"另一位孙健民将军说："虽然张老是文人，我是军人，但他的确感召着我，也感召着我们部队的许多干部和战士。我们不但学他的文章，也学他怎样做人。"

从张中行的为人处事中我们可以看出他真正领悟到了"顺生"二字，第一顺其自然的生命规律，淡泊名利，不跟自己较劲;第二顺从内心的道德律令，不做违背良心的事，不与别人为难。这是他能长寿的重要原因，这也是中国传统文化的精髓。张中行为人古朴，崇尚古风，文亦如其人。

从行文上说，他的文章开头喜欢旁征博引，下笔千言如行云流水。不似今人"开门见山"，"直奔主题"。他的行文过程就是"思"的过程。初看上去不见庐山真面目，但只要你循次而入，便会渐入佳境，观山东西南北来。他长于将自己的喜怒哀乐化为一缕缕哲思，融入他对人生的体察观照之中。看上去是"琐话"、"琐事"，但记的都是可传之人、可感之事和可念之情。平淡冲和，清隽优雅，在不动声色之间记人叙事。北大忆旧中所写的人物，虽是散文，却像小说一样把人写活了。数十年来我们所读的文章，大都剑拔弩张，令人见之生畏，读之生厌;再欣赏张中行的文字，那样朴实、清淡，典雅可人，自然便受到了读者的追捧。

启功说张中行的"散文杂文，不衫不履，如独树出林，俯视风云"。

对他的文章，周汝昌先生也有贴切的评论："你从他的文笔看得出，像他论砚一样，那是外有柔美，内有刚德。其用笔，看上去没有什么'花哨'，而实际上绝非平铺直叙，那笔一点儿也不是漫然苟下的。""读他老的文字，像一颗橄榄，入口清淡，回味则甘馨邈然有余。这里面也不时含有一点苦味。"

一个人能活到将近百年而受到如此的景仰，念着他的名字与承接传统的话题相衔相接，这个人是我们伟大中华文化的精英。

只为真理而默存的钱钟书的故事

　　钱钟书出生于诗书世家，自幼受到传统经史方面的教育，中学时擅长中文、英文，却在数学等理科上成绩极差。1929年报考清华大学时，数学仅得了15分，但因国文、英文成绩突出，而英文更是获得满分，被清华大学外文系破格录取。钱钟书到清华大学后的志愿是：横扫清华图书馆。

　　钱钟书的中文造诣极深，又精于哲学及心理学，终日博览中西新旧书籍。他上课从不记笔记，总是边听课边看闲书或画画儿，或练书法，但每次考试都是第一名，甚至在某个学年还得到清华大学超等的破纪录成绩。这一时期，钱钟书刻苦学习，广泛接触世界各国的文化学术成果。1933年于清华大学外国语文系毕业后，在上海光华大学任教。

　　1935年，钱钟书和作家、翻译家杨绛结婚；同年考取公费留学生资格，在牛津大学英文系攻读两年，1937 年毕业，获副博士学位，又赴法国巴黎大学进修法国文学一年。1938 年秋钱钟书归国，先后任昆明西南联大外文系教授、湖南蓝田国立师范学院英文系主任。1941 年回家探亲时，因家乡沦陷而羁居上海，写了长篇小说《围城》和短篇小说集《人·兽·鬼》。散文大都收入《写在人生边上》一书。《谈艺录》是一部具有开创性的中西文化比较诗论。

1953 年后，钱钟书在北京大学文学研究所任研究员。其间完成《宋诗选注》，并参加了《唐诗选》、《中国文学史》(唐宋部分)的编写工作。1966 年，"文化大革命"爆发，钱钟书受到冲击，并于 1969 年 11 月与杨绛一道被下放至河南"五七干校"。1972 年 3 月钱钟书回京，当年 8 月《管锥编》定稿。1979 年，《管锥编》、《旧文四篇》出版。从 1982 年起，钱钟书担任中国社科院副院长、特邀顾问；1984 年，《谈艺录》(补订本)出版；1985 年，《七缀集》出版。

迄今为止，钱钟书被学界关注、评论的历史，已经有六十多年了。六十多年来，许多中外著名人士，都对钱钟书作了极高评价，称之为"20 世纪人类最智慧的头颅"。

有一位外国记者曾说："来到中国，有两个愿望：一是看看万里长城，二是见见钱钟书。"简直把钱钟书看做中国文化的奇迹与象征。

其实，如果没有《围城》，也许很多人并不知道钱钟书，但知道的人中又有谁真正了解他和他的文字？有人甚至认定钱钟书是一个爱掉书袋的学究，或把他的绝俗看成老式的清高。

20 世纪 80 年代，美籍华裔学者夏志清在《中国现代小说史》中极力推崇《围城》，钱钟书因而第一次被写入文学史。《围城》也因此一版再版，印行了几十万册，并被译成英、法、俄、德、日、丹麦、荷兰、韩等十多种文字。这是本睿智的书，因为它的有趣源自一位智者对人性的洞察与调侃。《围城》的幽默更是中国现代小说中首屈一指的。1990 年，根据《围城》改编的同名电视连续剧在中央电视台播出后，钱钟书与《围城》更成为热门话题，钱钟书开始成为学者和学生心目中如日中天的偶像。

钱钟书文风恣意、幽默，充满智慧与哲理以及对世俗的笑骂与揶揄，他以一册仅仅 10 篇的散文集就位列现代散文大家，而其为数不多的几个短篇小说更是风格迥异，寓意深刻，令人惊叹叫绝。

钱钟书去世之后，一个热爱他的读者曾在报纸上撰文纪念，标题是《世界上唯一的钱钟书走了》。

中国现代知识分子的一面旗帜季羡林的故事

1911 年 8 月 6 日，季羡林出生于山东省临清市康庄镇。

1935 年 9 月，根据清华大学文学院与德国交换研究生的协定，清华大学招收赴德研究生，为期 3 年。季羡林被录取，随即到德国。

1936 年春，季羡林选择了梵文。他认为"中国文化受印度文化的影响太大了：我要对中印文化关系彻底研究一下，或能有所发明"，因此"非读梵文不行""我毕生要走的道路终于找到了，我沿着这一条道路一走走了半个多世纪，一直走到现在，而且还要走下去。""命运允许我坚定了我的信念。"

季羡林在哥廷根大学梵文研究所主修印度学，学梵文、巴利文。季羡林师从"梵文讲座"主持人、著名梵文学者瓦尔德施米特教授，成为他唯一的听课者。一个学期四十多堂课，季羡林学习异常勤奋。

1946 年，季羡林由德国留学回国，被聘为北京大学教授，创建东方语文系。1956 年当选为中国科学院哲学社会科学部委员。1978 年，季羡林任北京大学副校长。现其著作已汇编成《季羡林文集》，共 24 卷。

季羡林为人所敬仰，不仅因为他的学识，而且因为他的品格。他说："即使在最困难的时候，也没有丢掉自己的良知。"

季羡林的《病榻杂记》一直在热销中：在书中，季羡林用通达的文字，第一次廓清了他是如何看待这些年外界"加"在自己头上的"国学大师"、"学界泰斗"、"国宝"这三顶桂冠的。他表示："三顶桂冠一摘，还了我一个自由自在身：身上的泡沫洗掉了，露出了真面目，皆大欢喜。"

季羡林的一生，用他的话说："天天都在读书写文章。越老工作干得越多。"除了让中国学者感到深奥无比的德国哲学研究外，数十年来主要从事印度文学的翻译研究。佛教史以及中印文化交流史的研究工作，还撰写了散文、随笔等作品。现在，《季羡林全集》已编到 32 册，已有一千多万字，真正是著作等身，学问大师，当代鸿儒。

极为可贵的是，季羡林绝不是"两耳不闻窗外事"的书斋学者。他相当入世，时时守望着民族、国家、世界和大自然。他还一直保持着独立思考的精神，始终秉持独家观点，绝不人云亦云。

早在 20 多年前，季羡林就大谈"和谐"："中国传统文化的根本就是和谐。"人与人要和谐相处，人与大自然也要和谐相处。东方人对待大自然的态度是同大自然交朋友，了解自然，认识自然，在这个基础上再向自然有所索取。"天人合一"这个命题，就是这种态度在哲学上凝练的表述。必须珍惜资源，保护环境。季羡林的预见，印证了生活的真理。

满学大家阎崇年的故事

在中央电视台《百家讲坛》上以《正说清朝十二帝》引起关注的北京学者阎崇年，对于自己成为《百家讲坛》走红第一人，阎崇年把成功首先归结为选准了切入点。他说，《正说清朝十二帝》之所以受大家欢迎，最主要的原因是满足了读者对历史知识的需求，这种需求不是短期的。《正说清朝十二帝》的成功关键在于找对了切入点，"比如讲咸丰，我把太平天国作背景，然后从咸丰的几个错误讲起，45 分钟 6 个错误讲不完，于是我就选了 3 个错——错坐了皇帝宝座、错离了皇都北京、错选了顾命大臣，开场就吸引了大家。"

其次是高度评价清朝历史。阎崇年说，自 20 世纪 80 年代初开始，来自港台的戏说历史之风盛行，对于历史，人们弄不清哪些是真的、哪些是编的，哪些是正说、哪些是戏说。正因为如此，他的演讲才会受到一些满族读者的欢迎。此外，讲座要学电视剧制造悬念。阎崇年说："在节目中，编导从开始就加入了悬念。以悬念隔断、牵引，使《百家讲坛》不再平铺直叙。"阎崇年认为，"清朝十二帝疑案"之所以成功，一是目前清宫戏热播，老百姓已不再满足于戏说，希望能了解历史的真实；第二个原因就是一个"疑"字。《百家讲坛》的编导们在节目编排上设置层层悬念，又一个个解开，在后期制作上配以扣人心弦的音乐，紧紧抓住观众。阎崇年还分析说，除了悬念，他还在演讲中加入了历史故事、逻辑综合、理论分析。

艰涩深奥的历史学，在阎老那里似乎只是薄薄的一层窗户纸。其实，治史对于史学家来讲，尤其要经过千锤百炼。

阎老二十出头的时候专攻先秦史，一次他拿着自己的一篇研究先秦史的论文，请中国科学院的杨向奎教授指教，杨老先生看后连连叫好。几天后，杨老先生写来一封信，强烈要求阎先生"改行"转攻清史，理由是先秦历史大多依靠关中的地下发掘，身在北京只能吃人家的"残羹剩饭"。而宫廷建筑、清宫档案集中在北京，并且是未开垦的处女地，丢下一粒种子就能有大收获。在"闭门"思考了一个月之后，阎老毅然作出抉择，开始了他42年漫长的清史治学之旅。

42年来阎老潜心于满学和清史研究，撰著了22部学术著作，可谓著述等身。阎老走到书房踩上凳子，从书柜顶上小心翼翼地取下一册书，包的书皮上面工工整整地用钢笔写着"祝毛主席万寿无疆"，打开一看，原来是宋本清版的《十三经注疏》。阎老说："那个时候这样的封皮有伪装作用，现在已成为我那段岁月的见证了。"

阎老说，他的女儿原本想走父亲的路，但是阎老坚绝不同意，"研究历史太苦了"，体会到父亲的良苦用心，女儿选择了研究社会学。阎老拿出两本书，一本是女儿写的，一本是学医的儿子写的。"他们都很努力，很上进，现在在国外也小有成绩，当然也是继承了我能吃苦的优点吧。"

阎崇年评价自己说："我能吃苦，像农民；我很勇敢，像渔民；我又机变，像商人。一个人必须变，但应该是在变与不变之间。'变里有不变，不变里有变'。对我来讲，这次是电视台把我逼上讲坛了，我变了；但是我一辈子研究清史的工作不能变，这是我学术的根本，我要在变与不变中坚守我的本分。"

阎老中等个头，面容清癯，但目光炯炯，声音洪亮。他为人很热情。

阎老家 31 平方米的客厅，书架就占了一半的墙。十几平方米的书房，书架上堆的、地上摆的、桌子上摆的，全是书。只能踮着脚侧着身才能通过。他的卧室着实让人开眼，他的卧室里除了一张双人床，都是书。玄关还做了四排书架，让人进门就感觉门道有点窄。而且他连阳台也不放过。还说那里光线好，累的时候，就换到阳台继续写作。阎老讲了一件趣事：有一次他搬家，因为书很多，就对搬家公司的人说可以加些钱，在阎老的真诚劝导下，搬家公司从 50 元加到 100 元，阎老嫌少主动加到 200 元，结果那次搬家仅搬书就搬了八大车，搬家公司苦不堪言。

阎老有固定的作息习惯：早上 4 点起床工作，晚上 11 点休息，多年如一日。要是遇上什么事情还得把时间给补上。71 岁的老人了，这样"拼命"，身体哪受得了？阎老却说："最近我参加的活动多，所以必须抽空补回我的研究时间。每天我有太多的资料要研究，很多的读者来信要回复，哪里睡得着啊。"还有一位落款"老学生"、身患重病的九旬老人给阎老写信，信中称赞他所著的《正说清朝十二帝》"卓然大家，博雅精深，平生所未见，亦闻所未闻，老眼生明，茅塞顿开……"

近些年来"戏说"历史成风，特别是一些清史题材的影视剧尤甚。从努尔哈赤到宣统，无一不在"戏说"。人们为什么会突然高度关注起"正说"的历史来。

由于影视商业利益与年轻观众的娱乐文化相结合，导致荧屏上"清宫戏"屡演不衰，从而误导了人们，特别是青少年对真实历史的认识，引发了历史学家的担忧。清史专家阎崇年在央视大开讲坛，理顺了清史的基本脉络，给人们介绍了一个非戏说的清史。

阎崇年对清史的研究从康熙《清圣祖实录》开始，陆续发表了《满学论集》、《燕史集》等论文集，专著《努尔哈赤传》

满学大家阎崇年的故事

等，同时发表满学、清史论文 250 余篇。

阎崇年在他的《正说清朝十二帝》一书中坚持了"五说"
——正、细、慎、通、新。正说，民间流传很多康乾江南私访
的说法，事实上清帝没有下江南私访过；细说，讲到光绪死，
怎么死的，是病死害死还是毒死；慎说，正确传达传递历史信
息；通说，既肯定康熙的历史贡献，又讲细节引人入胜；新
说，讲出新见解来。正是这样，阎崇年把一部清十二帝正史讲
得如同评书一般出彩，把一大批受戏说清宫戏影响的人们拉回
到敬畏历史、珍重历史的轨道上。

电视讲坛上讲述 296 年的清朝历史，容易流于枯燥、冗长
和乏味。如何拨开重重历史的迷雾，破解桩桩历史疑案，让历
史变得生动起来，让平民百姓听得津津有味？为此，阎老也费
了不少脑子。

近年来，阎崇年多次应邀赴美国、日本和我国台湾地区、
香港特区等地学术机构或高校讲学，出国参加国际交流，并获
得了广泛好评。

篮球飞人乔丹的故事

　　成为迈克尔·乔丹式的人物，是所有美国人的梦想。他是NBA历史上第一位拥有"世纪运动员"称号的人，也是历史上最值钱的体育偶像之一。在多数的人眼中，迈克尔·乔丹是有史以来最伟大的篮球运动员，他的篮球生涯和他对于这项运动的巨大影响力，不可避免地让人们把他推上了神坛。优雅、速度、力量、富有艺术性，即兴创造力和无比强烈的求胜欲望的完美结合，乔丹重新诠释了"超级巨星"的含义。

　　迈克尔·乔丹于1963年3月27日出生于纽约布鲁克林区一个家境殷实的黑人家庭，长在宁静的北卡罗莱纳州，家中共有7人，他的父亲詹姆斯原是一名机械师，后在空军服役，母亲德劳丽斯在纽约一家银行任职。詹姆斯·乔丹先生给自己的第三个儿子起名"迈克尔"。有许多人认为，乔丹出生的时候手里一定拿着一个篮球。但是事实上他却是一个羸弱的孩子，出生后不久，就不停地流鼻血，为此他不得不比正常婴儿在医院多呆了5天。

1982年，乔丹第一次代表北卡罗莱纳州立大学队参加全美大学生联赛，就获得了男子篮球冠军。当年的3月29日，年仅19岁的乔丹在最后15秒，以一个外围远投奠定胜局，使北卡队63:62险胜乔治敦大学队。这场比赛使他名声大噪。多年以后历史重现：1998年6月14日，在公牛队与爵士队的总决赛最后一场比赛中，乔丹在赛事尚余5.2秒的关键时刻，以假动作骗过爵士队的罗素，攻入奠定胜局的一球，公牛队以86:85险胜爵士，公牛队第六次夺得NBA总冠军。

在乔丹的成长过程中，老乔丹夫妇起到了重要的作用，他们不断告诫儿子，不管今后是否打篮球，在通往成功的道路上，其实光有先天条件还不够，顽强的意志、坚定的信念以及不懈的努力才是最为关键的因素。多少年之后，当"飞人"乔丹站在高高的NBA领奖台上时，他知道，自己得感谢父母的悉心培养。"对我来说，我的英雄就是父母，他们指引了我的生活道路，让我受到很好的教育，并最终走上正轨。没有他们，不可能有我的今天。"

粗略看看乔丹都做到了些什么:最佳新秀，5次常规赛MVP，6枚总冠军戒指，6次总决赛MVP，10次第一阵容，14次入选全明星赛，3次全明星赛MVP，入选NBA50年来

50 大球星阵容，10 次得分王，退役时平均分是最高的 30.1 分，在奥林匹克赛场上作为美国队的一员拿过两枚金牌。但乔丹所造成的影响远远不只这些荣誉和冠军。当他初入联盟时，他是天生的得分手，而当他离开时，他已经变成了一个文化的象征。在他的篮球生涯中，他用场上眼花缭乱的表演和场下翩翩的个人风度征服了大众，更加速了 NBA 全球化的推进过程，他是当之无愧的王者。

令人印象最深的莫过于复出后在纽约广场花园对抗尼克斯的比赛了。这场比赛，被称为"两个 5 (Double Nickel)"正式向世人宣告崭新的乔丹诞生了。32 岁的他没有了年轻时那骇人的弹跳，他开始更多的使用后仰跳投和转身上篮。在最后时刻，双方还是平局，只见他带球吸引对方注意后将球传给了篮底空当下的队友，最终以 113:111 取得了胜利。他的教练赛后这样说到："很少有球员能在纽约表现得这么出色，我见过很多球员因为这里的巨大压力而发挥失常。但是乔丹整晚都把局势牢牢控制在自己的手中。"

1999 年，由于劳资纠纷，乔丹再次离开球场，他说："现在我已经不像过去那样具有动力让我继续当一名篮球运动员了。"然而，在 2000 年作为华盛顿奇才队股东和球队运营经理一职后，由于对球队表现的不满，他又一次回到他所钟爱的运动场。2002-2003 赛季，他打了他最后一届全明星赛，赛季结束后，他第三次和球迷们说了再见。出于对乔丹的尊敬，尽管他从没为佛罗里达的球队效力，迈阿密热队在 2003 年 4 月 11 日还是退休了他的 23 号球衣，这是迈阿密热队 15 年队史中第一次退役球衣，那件衣服一边是奇才蓝另一边是公牛红。

乔丹自己不愿意承认他是历史上最伟大的球员，但在挑选他心目中的最佳阵容时，他还是在得分后卫的位置上选择了自己。不管乔丹表现得多么谦虚，他都找不出一个人可以在得分后卫的位置上超越他。篮球这项运动发展到今天，如果要找一个最有资格为篮球代言的球员，非乔丹莫属。

乔丹令人心潮起伏，使无数球迷为之倾倒。乔丹用篮球语言述说着一个又一个传奇，最终编织成一个神话——"乔丹不败"。乔丹远远超越了篮球，他是篮球天才、具有高超技艺、骄人战绩、人格魅力和想象力，浓缩为一种精神，这就是"乔丹精神"。乔丹不仅是"飞人"，而且是"伟人"，一代篮球伟人，这代表着一种强烈的公众情感内涵。

绿茵场上的"外星人"罗纳尔多的故事

被无数球迷认可,三届世界足球先生得主,一生进球无数。效力于巴萨俱乐部期间,以一记连过五人的远距离射门,让见多识广的老罗布森都仰天长叹:"这是外星人才能完成的进球!","外星人"由此得名。他用自己精彩的球技,和招牌式的桑巴庆祝法,给予足球和这片绿茵地,不可复制的精彩和激情。

1976年9月22日,罗纳尔多出生在里约热内卢郊外的本托–里贝罗贫困区。而那一天正好是贝利宣布退役的日子,冥冥之中近乎天意,为巴西人又带来了球王的接班人。而当时的罗纳尔多,却看不出有任何特别之处。小时候的罗纳尔多是个身材黑瘦、弱小的男孩,和贫民区里的其他在街头巷尾把易拉罐当成足球嬉戏的孩子并无两样。在他很小的时候,母亲的失业更给这个本来就负担沉重的家庭又一沉重的打击。面对这种局面，罗纳尔多却用异常坚定的语气对妈妈说："妈妈，你不要担心，以后我靠踢足球养活你们!"这句话在数年之后便得到了印证。

1989 年，12 岁的他加盟第一家俱乐部拉莫斯社会队。在他 13 岁时，曾因付不起车票钱而未能进入弗拉门戈俱乐部踢球，他因此而伤心不已。随后 1990 年与拉莫斯队签约，14 岁的他，在足球方面的天分很快被发掘出来，被曾为 1970 年世界杯上的传奇人物巴西神射手雅伊尔津霍发现，推荐到了克鲁塞罗队。16 岁时，罗纳尔多就已经是巴西 17 岁以下国家队的队员，并且进球率达到了 57 场 59 球的好成绩。一棵破土新笋，以迅雷不及掩耳之势迅速崛起。1994 年 8 月，年仅 14 岁的他，便以 470 万美元的身价转会荷兰埃因霍温队，在当时的足坛露尽锋芒。1995-1996 赛季为埃因霍温队出场 13 次，进球 12 个。就在他职业生涯进入巅峰期的时候，他遭受了职业生涯第一次严重的膝伤。使他不得不暂时告别他钟爱的足球事业。但伤痛阻挡不了这位终究会在足球历史上尽情挥洒激情的小伙子。1996 年 2 月罗纳尔多重返绿茵场。接着他用一连串数字证明了王者依旧强大。1996 年 7 月，他以 1950 万美元转会巴塞罗那队，创下足球运动员转会费最高记录。时隔一年，1997 年 9 月 8 日与国际米兰队签订 5 年合同，以 2790 万美元再创转会费纪录。1997 年 12 月 22 日，他被法国《世界足球》

杂志评为该年度欧洲足球先生，夺得了他职业生涯中第一个荣誉称号。很快，在1998年1月12日，他连续第二年当选国际足联世界足球先生。

也许注定所有人都要为成功付出巨大的代价。但王者不馁，即便是伤病的折磨，依然不能减缓他前进的脚步。1998年7月世界杯，巴西国家队屈居亚军，为这位正当年的球场杀手的记忆中蒙上了昏暗的颜色，但他仍以进4球的战绩，成为1998年世界杯最佳球员。1998年10月，右膝盖受伤的他，休战仅一个月后，便归队了。在与莫斯科斯巴达克队的冠军杯比赛中射进制胜一球，国际米兰队2:1战胜对手。

但成功之路并不会一片坦途。1998年12月在米兰同城大战中膝盖再次受伤，休战三场之后归队，在与皇家马德里队的冠军杯比赛中又一次受伤。1999年1月在意大利甲级联赛与博洛尼亚队的比赛中双膝受伤，休战10场比赛。1999年10月23日在米兰大战中进球，但是在意大利甲级联赛生涯中第一次被红牌罚下场。1999年11月21日，国际米兰队与莱切队的比赛中，右脚陷入草地窟窿里，导致他"髌骨腱局部断裂"。1999年11月30日膝盖软骨组织粉碎性骨折，在巴黎进行了手术，迫使他不得不再次休战四到五个月。2000年4月12日，在苦等了144天后，罗纳尔多终于重返他挚爱的绿茵赛场，但是在国际米兰对拉齐奥的比赛刚开始6分钟，他又突然倒地，髌骨腱再次断裂。使他不得不再次飞往巴黎进行紧急治疗。时隔一年多，当他渐渐淡出人们视线，当多数人认为，他撑不下去的时候，披着王者的战衣，带着对足球的不舍之情，这位钢铁战士重新回到了他熟悉的被亿万人瞩目的球场。

王者不但没有倒下，反而变得愈加强大，继续续写着球坛神话。2002 年 6 月 30 日晚，在韩日世界杯冠军争夺战中，罗纳尔多独进两球战胜德国队，使巴西队历史上第五次夺得世界杯冠军。罗纳尔多也以 8 个进球获得最佳射手。2002 年 8 月 31 日晚，在欧洲转会市场关闭前的一刻，皇家马德里和国际米兰两家俱乐部正式达成协议，罗纳尔多转会皇家马德里，合同为期 4 年，价值 4425 万欧元。2002 年 10 月，他第一次代表皇家马德里出战，表现神勇，攻入两球。2002 年 12 月，他第一次代表皇家马德里争战丰田杯，攻入一球，第一次捧起丰田杯，赛后被评为全场最佳球员。2002 年 12 月，他再一次获得世界足球先生，及欧洲足球先生两项殊荣。2003 年他获得法国体育学院评出的 2002 年"世界体育最卓越贡献奖"。2006 年再次获得金足奖。

罗纳尔多的足球生涯：在国际米兰起起落落，两次落泪，两次错过；他曾在 1998 年被当做失利的罪人；在 2001-2002 赛季的意大利甲级联赛中，他曾为在最后时刻而无缘冠军失声痛哭；但他竭力摆脱阴影，于 2002 年世界杯重焕异彩，并最终得到大力神杯；皇家马德里四年半，高潮低潮，种种痛苦和快乐；这些都是他在足球事业上获得的巨大财富。

回想在球场上奔跑和进球的时刻，他还面露微笑的描述："在进球之前，我总是有意识的跟队友要球，而当我意识到球进了，我感觉自己就像一个幸福的孩子。"这就是罗纳尔多，但这并不完全，他还有机会继续他的足球之梦，从而把他顽强的意志、卓越的球技延伸扩大下去，他让世人坚信着球王的精彩还将继续！

194

中国男篮的领军人物姚明的故事

195

　　1980 年 9 月 12 日，姚明出生于上海市第六医院，他的父母都是篮球运动员。父亲姚志源身高 2.08 米，曾效力于上海男篮，母亲方凤娣身高 1.88 米，是 20 世纪 70 年代中国女篮的主力队员。康平路 95 号上海市体委家属楼 6 层的一套一间半的住房，充满着姚明朴素但快乐的童年回忆。当年的邻居在回忆那时的姚家时，都说父母对姚明管教颇严，但对他的关怀又是无微不至的，这些造就了姚明善良、本分、乐于助人的性格。

　　身高 2.26 米的姚明，小时候练的是水球，是一名水球"守门员"。水球运动员需要的正是姚明这样身材高大的运动员，守门员当然也是越高越好——人高，手长，封堵的面积大。后来听姚明的父亲姚志源介绍，当时叫他打篮球，只是希望让他活动活动。即使送姚明去了少体校，也只是因为会打篮球，将来考重点中学和大学有加分优惠。可是有谁能想到正是这醉翁之意不在酒使这个"半路出家"少年能有今天这样的成绩呢？

作为世界体坛冉冉升起的巨星，姚明在球场内外有多么成功无需我们在此赘述，姚明已经成为全世界年轻人的偶像。在篮球事业上，他是成功的，在信息化、数字化的当今商业社会，他也是成功的。以姚明目前的发展趋势来看，人们完全有理由相信，一个自信、谦逊、充满爱心的姚明，必将成为乔丹、伍兹那样近乎完美的青年楷模。虽说有句老话叫"英雄不问出处"，但是，循着他来时的路，我们可以借鉴到很多有益的东西，正所谓不同的人生，同样的道理。

在长人如林的篮球场上，过人的身高是姚明取得成功的最根本保证。但是，光有身高是不够的，还需要技术和意志品质上的磨炼。刚进上海青年队之初，姚明除了身高，其他方面并不出色。东方男篮教练陆智强是当年上海青年队的教练，他还记得姚明刚进青年队时，虚胖，身上尽是肥肉，没什么力量，不怎么会打球，甚至"连跑都不会跑"。那时的教练组非常重视队员们的训练，一天从早到晚要练四次。用姚明队友刘伟的话说："头发几乎就没有干的时候。"姚明呢，很有上进心，训练刻苦又肯开动脑筋，所以进步是明显的。梅陇训练基地负责给姚明他们洗衣服和鞋子的工人师傅说："姚明的训练可真刻苦，大冬天，也出那么多汗，鞋子倒得出水，毛巾拧得出汗来！"就是凭借这样的毅力姚明成功进入了中国国家队，几年之后，他又通过 NBA 选秀，闯入了世界球迷的视野。作为一名前途无可限量的球员，人们关注的不仅是姚明在 NBA 赛场上的表现，还有一系列相关问题，比如他的身价、利益分成以及与俱乐部和中国国家队的关系等等。

姚明的成功，一方面来自他的天赋禀性，但更重要的，是他付出的艰辛的努力和汗水。

姚明是中国到海外留洋运动员中最成功的一位，但姚明却并不认为他有多么成功，他认为最重要的是"如何看待自己与自己从事的事业之间的一些微妙关系"。如今的姚明不仅仅是体育明星，同时也成为经济明星、社会明星，成为无数在烈日酷暑中苦练篮球的中国少年的偶像，成为中国"成功"、"财富"的一个显赫标志。著名商业杂志《福布斯》中文版公布了"2008 中国名人榜"。公布了姚明的收入为 3.878 亿人民币，继续蝉联该榜第一。中国男篮主教练王非就曾意味深长地说："姚明的价值太大了。"姚明的实际收入在 1.8 亿美元左右，但姚明的价值绝不仅仅体现在工资上，加上各种赞助合同以及围绕姚明所附带产生的价值，NBA 专家表示，姚明所蕴藏的价值至少有 10 亿美元。

国家队对于不少职业运动员来说，已经是个渐渐淡漠的概念，在 NBA 更是如此。因为"个人原因"拒绝为国家队效力的比比皆是，但姚明从未如此。黄皮肤、黑头发是姚明的标志，一颗爱国心同样也是。姚明为自己是个中国人而自豪，也为自己是在中国学会打篮球的而感到自豪。他从来都没想过改变自己的国籍，他曾表示，在他 NBA 生涯结束后，他会回到中国生活，他说："虽然他经历了许多困难才得以到 NBA 打球，但如果我必须在 NBA 和国家队之间做出选择，我会选择国家队。"

姚迷们说，喜欢姚明有九大理由：出类拔萃的身高、棱角分明的脸庞、精美绝伦的球技、谦恭儒雅的性格、诙谐优雅的风度、永不言败的精神、进步神速的英语、洁身自好的品质，更有那拳拳爱国的赤子之心。也许正是因为他的为人，才会有那么多的球迷喜欢他。

姚明的自传《姚，在两个世界里的生活》在美国一上市，就引起了不小的反响。在 NBA 历史上，乔丹自传《为了我深爱的运动》和罗德曼自传《尽情使坏》都是在他们打了十几年联赛后才出版的，而姚明仅仅一个新秀赛季，就被写成了传记，这与这位小巨人的特殊身份有着紧密的联系。

姚明现在正在 NBA 一步一步稳稳地走着，希望有一天他可以成为中国的乔丹，带领中国男篮走向成功。

跨出中国骄傲的刘翔的故事

　　21 年前的 7 月 13 日，一个小生命在上海西北角呱呱坠地。为了给这个小家伙取名字，他的姑夫、姑姑都赶来了。"他爸姓刘，你姓吉，就叫刘吉吧。"姑姑对刘翔的妈妈说。"刘吉，刘吉……"刘妈妈念了两遍，感觉再加个"生"，就是"留级生"了。"不行，不行，那就用'吉祥'中的祥字吧。"身为大学教授的姑夫为孩子定了"音"，不过最后还是刘爸爸定了"形"—"翔"，当初取"翔"字，就是希望孩子有一天能展翅高飞。

　　21 年后的 8 月 27 日，刘翔真的飞翔了。在雅典湛蓝的爱琴海边，在国人的注目下，他站在 110 米栏决赛的起跑线上……刘翔是中国运动员的骄傲，他在雅典奥运会上以 12 秒 91 的成绩平了由英国名将科林-杰克逊保持的世界纪录。这枚金牌是中国男选手在奥运会上夺得的第一枚田径金牌，书写了中国田径新的历史。

父亲 1.76 米，母亲 1.67 米，刘翔 1.88 米。这个有点"基因突变"的男孩有着一个与体育毫不沾边的家庭，就是这样一个普通的工薪家庭，造就了"中国田径的神话"。可又有谁知道，如果刘翔的腿再长 5 厘米，也许教练就舍不得让爱徒去练跨栏了。当年，刘翔一直在练跳高。他是半路出家才走上了径赛的道路的。

在中国，田径运动员的收入都不高，即便达到像刘翔这样的"腕"，但"金钱并不是唯一"。这是刘翔最爱说的一句话。雅典的成功，让刘翔一夜之间富裕了起来，"我也不知道具体数字究竟是多少，对我来说，钱只要够用就行了。""飞翔"，是想证明自己，对于金钱，刘翔唯一的愿望就是能为父母买一套宽敞些的住房。因为对于刘翔的成功，父母是功不可没的。

在关心周边的人这一点上，刘翔做得比较周到。当名不见经传的刘翔在洛桑破了世界青年纪录。回国后，刘翔喜滋滋地拿出了一块价值不菲的手表，作为礼品送给爸爸。当时家里经济状况一般，家人总是叮嘱刘翔别再买东西浪费钱，他总是口头答应，可每次出国比赛回来时照样把周围亲朋好友的礼物都准备个遍。刘翔有一颗善良的心。据不完全统计，2005 年，印度洋地震海啸后，刘翔向中国红十字会捐款人民币 50 万元；2006 年，刘翔又与孙海平一起将 25 万元捐给了白内障的病患老人；后又将上海黄金大奖赛的奖品——一套住房捐给了特奥会，将出书的收益捐献给了慈善机构，捐献自己的跑鞋、金牌、战袍等以供慈善拍卖。

训练场上，一堆穿着相同运动衣的人中，刘翔一眼就能被认出，因为他走路最"跛"。刘翔训练经常偷懒，用刘学根的话就是"他努力训练就说明不对头了"。即便是在备战期间，刘翔的训练量从每天的4、5个小时缩减到2、3个小时，他还是会在跑五圈时，偷偷减掉一圈。

201

在跨栏这个项目上，需要天赋，而天赋包含两种，一种是身体条件，另一种就是悟性，刘翔靠的就是悟性，还有孙海平教练特殊的指导方法。每周孙教练只安排18个小时的训练量给刘翔，平均每天三小时，在备战期间还会减少。正是这种"偷懒"的训练方式，让刘翔每次一上场都精神饱满。"我在训练的时候很放松，练得差不多就玩会儿，或者和队友聊聊天。"因为刘翔不是"一根筋"的运动员，"一根筋"太容易断，特别是在那么大的压力下。刘翔没有断，他顶住了。

当刘翔站上雅典奥运会110米栏的冠军领奖台时，他用的动作是一个大字形的有些蛮横地跳上领奖台，将黑皮肤的和白皮肤的，统统"踩"在了脚下。接近两个身位的领先，是一种征服，完完全全的征服，让所有的对手输得心服口服。12秒91，平了世界纪录的成绩，让在预赛中"马失前蹄"的约翰逊也不禁汗颜——即便他撑到了决赛，也未必跑得过刘翔。

刘翔，一个来自中国上海的黄皮肤的亚洲人，打破了世界短跑百年不变的格局。

"是的，今天我是世界冠军，我要让所有人都看到，我，一个黄皮肤的中国人，也能飞起来。" "唯一的遗憾，就是没能在决赛上亲手打败约翰逊，下一回，我要亲自战胜他。" "到2008年奥运会，我要再把世界纪录破了。" "我和教练的配合，已经是属于超级完美，超级拍档的感觉。" 随后跟出一句 "我兴奋的都不知道说些什么好了"。

很多人都说，刘翔很狂。很少有运动员会说出这样的话，即便是在夺取奥运冠军，打破世界纪录的，他们也只会循规蹈矩地说些诸如 "感谢教练，感谢父母"。是的，也许中国人就是需要那么一点狂劲。

在110米栏的对决中，最重要的一点就是相信自己。千万别跟着别人的步伐跑，那会打乱自己的节奏。刘翔，一个充满天赋和自信的大男孩，用自己的双腿向世人证明了一切皆有可能。